Petra Krivy
Angelika Lanzerath

Was ein Welpe lernen muss

Müller Rüschlikon

IMPRESSUM

Einbandgestaltung: r2 | Ravenstein, Verden
Titelbild: Hartmut Paulus (Slovensky Cuvac Welpe Gaia Bär vom Wolfshorn, 12 Wochen alt)

Bildnachweis
Jacqueline Blötner: S. 21; Melanie Drecker: S. 75; Michaela Drecker: S. 4, 6, 12, 17, 18, 23, 24, 25, 29, 33, 38, 41, 44, 46, 59, 65, 71, 77, 78, 81, 82, 85, 92 sowie Umschlagrückseite; Maria Hörmann: S. 25; Ines Hohenbrink – doggstar.ch: S. 9, 11, 13, 15, 19, 31, 57, 87; Petra Krivy – Hundeschule Tatzen-Treff: S. 16, 21, 23, 26, 37, 41, 47, 49, 50, 53, 54, 55, 56, 60, 65, 68, 73, 74, 80, 83, 84, 87, 90; Angelika Lanzerath: S. 10, 39, 42, 51, 59, 91; Michaela Liesen: S. 91; Katharina Neth: S. 70; Anna Oesterheld: S. 35; Hartmut Paulus: S. 1; Maren Reese: S. 8, 14, 15, 18, 20, 22, 27, 36, 40, 45, 58, 61, 62, 63, 79, 85, 87, 88; Mona Reese: S. 34; Reginald Staenicke: S. 12, 28, 30, 48, 64, 86; Angelika Walkowiak: S. 7

Aus Gründen der besseren Lesbarkeit wird im Buch das generische Maskulin verwendet. Entsprechende Begriffe gelten im Sinne der Gleichbehandlung grundsätzlich für alle Geschlechter, dabei beinhaltet die verkürzte Sprachform keinerlei Wertung.

Eine frühere Ausgabe dieses Buches ist mit der ISBN 978-3-275-01689-1 erschienen.

ISBN 978-3-275-02292-2

Postfach 103743, 70032 Stuttgart
Ein Unternehmen der Paul Pietsch Verlage GmbH & Co. KG

1. Auflage 2023

Sie finden uns im Internet unter www.mueller-rueschlikon-verlag.de

Lektorat: Claudia König
Innengestaltung: Andrea Horn, Layout-iT! Dorsten
Druck und Bindung: Multiprint Ltd., Slavyanska Str. 10A, 2230, Kostinbrod, Bulgarien
Printed in Bulgaria

INHALT

Ein paar einleitende Worte vorab

Hurra, ein Hundekind zieht ein! Die gesamte Familie freut sich, hat sie doch lang auf diesen Augenblick gewartet. Seit Tagen oder sogar Wochen wurden Vorbereitungen getroffen: es wurde gelesen und sich informiert, Urlaubstage wurden eingereicht, Haus und Garten präpariert, damit es dem Familienzuwachs an nichts fehlen mag. Die Ziele sind hoch gesteckt, alle Familienmitglieder überaus motiviert und die Rahmenbedingungen scheinen bestmöglich abgestimmt zu sein auf das, was da in Form eines vierbeinigen Hundekindes den zukünftigen Familienalltag bereichern soll. Soweit die Theorie, die auch zumindest erst einmal löblich bemüht und überlegt das Thema »Hundeanschaffung« berücksichtigt zu haben scheint. Doch mit dem Einzug des Welpen kommt die Praxis. Und wie so oft im Leben scheinen Welten zwischen der farbenprächtigen Theorie und der vermeintlich eher grauen Praxis zu liegen.

Obwohl sich alles um den frisch eingezogenen »Sonnenschein« dreht, weint das Hundekind, jault und scheint sich nicht gerade wohl zu fühlen im neuen Heim. Obwohl in allen Büchern zu lesen ist, dass das Hundekind nach dem Schlafen und nach dem Fressen sein Geschäftchen verrichten muss und deshalb an den erlaubten Ort zu führen sei, finden sich plötzlich zusätzlich überall Pfützen und geruchlich eindeutig zuzuordnende Hinterlassenschaften in der Wohnung. Obwohl man auf den Rat der Verkäufer im Hundezubehör-Fachhandel gehört und ein breites Sortiment an Spielzeug erstanden hat, zerbeißt der Welpe mit Vorliebe das, was der Familie besonders lieb, wert und teuer ist. Obwohl man doch den lieben langen Tag Mutter, Vater, Bruder, Schwester und wen noch sonst für den Welpen ersetzen will, Haushalt und Privatleben komplett hintenanstellt und als Alleinunterhalter des jungen Vierbeiners agiert, kümmert der sich überhaupt nicht um seine Menschen, geht unbeirrt seiner Wege und demonstriert mit sich selbst zufriedene Nichtbeachtung seiner direkten Umwelt. Arme und Beine der Kinder im Haus zeugen von gesunden Hunde-Milchzähnen, etliches vom erlesenen Mobiliar und von der modernsten Designer-Bekleidung sind der hundlichen Qualitätskontrolle bereits zum Opfer gefallen (mit vernichtendem Testergebnis). So hat man sich das um einen Hund bereicherte Familienidyll nicht vorgestellt. Die Nerven liegen blank. Was nun?

Welpen sind unternehmungslustig und finden immer eine für sie sinnvolle Beschäftigung – nicht immer zur Freude ihrer zugehörigen Menschen! Dem Taten- und Entdeckerdrang gilt es Grenzen setzend und regulierend zu begegnen, und zwar situativ angepasst und für den Welpen verständlich.

Und nun halten Sie als Welpenbesitzer ein weiteres Büchlein in der Hand! Keine Angst, Sie werden den Kauf sicher nicht bereuen! Wir möchten Ihnen hier vermitteln, worum es vorrangig in der ersten Zeit Ihrer Beziehung zueinander geht, was Ihr Hundekind so alles in seinen ersten Wochen bei Ihnen kennenlernen muss und wie Sie ihm dabei helfend, schützend und anleitend zur Seite stehen können. Wir möchten Ihnen als frisch gebackenen »Hunde-Eltern« erklären, welche Dinge innerhalb der ersten vier bis fünf Lebensmonate zu berücksichtigen sind, warum Ihr Welpe so oder so reagiert (oder eben nicht).

Wir zeigen Ihnen auf, wo und wie Sie Ihren Hund fördern und fordern können, dürfen, sollen. Und – last, but not least – wo, warum und wie Grenzen und Regeln zu etablieren sind. Doch können wir Ihnen, lieber Leser, ein bisschen graue Theorie zum Einstieg nicht ersparen, um Ihnen dann sinnvoll gestaltete und strukturierte Praxisschritte vorzustellen und zu zeigen, was und wie Welpen lernen wollen, können – und eben manches auch lernen müssen. Und wie der Mensch ihnen dabei helfen kann!

Wir wünschen Ihnen viel Spaß beim Lesen, gutes Gelingen beim Üben mit Ihrem Hundekind und viele schöne Stunden mit Ihrem vierbeinigen Familienzuwachs!

Ihre Petra Krivy und Angelika Lanzerath

Zum Umgang mit dem Buch

Sie finden auf den nächsten Seiten verschiedene »Tatzen«:

Merk-Tatzen
kennzeichnen Ihnen besondere Informationen und zu beachtende Hinweise.

Übungs-Tatzen
beschreiben Ihnen praktische Übungsaufbauten.

Gruppen-Übungs-Tatzen
beschreiben Ihnen kleine Übungsabläufe in der Gruppe.

Stolper-Tatzen
weisen Sie auf Fehlerquellen und zu beachtende Negativauswirkungen hin.

Wir schaffen die Basis

Vertrauen, Vertrautheit und Beziehungsbildung

Diese Begriffe geben eigentlich die Hauptantwort, wenn es um die Frage geht: »Was muss mein Welpe lernen?« Sie bilden die Basis der gemeinsamen Beziehung, auf welche sich alles Weitere aufbaut und stützt. Dabei ist ausdrücklich zu betonen, dass – wie die Zähne bei einem Zahnrad – das eine in das andere greift und nur bei optimalem Zusammenspiel aller Komponenten ein befriedigendes Endergebnis zu erwarten ist. Keine intensive Beziehung ohne Vertrauen und keine Bereitschaft, den Menschen zu beachten und ihm zu folgen, ohne Bezug zu ihm. Diese Basisbausteine stehen in absoluter Kausalität zueinander!

Wir sprechen in diesem Buch von ***Welpen***, also von Hunden, die maximal 16 bis 20 Wochen alt sind! Ältere Hunde sind Junghunde, aber keine Welpen mehr.

Ohne den Hund vermenschlichen zu wollen (und zu dürfen!), lassen sich – gerade aus der Kindererziehung – viele Dinge auch auf die Anleitung und die Erziehung des Vierbeiners, ja, auf den Umgang mit dem Hund generell, übertragen. Der Unterschied besteht darin, dass wir Kinder zur Selbständigkeit heranführen müssen, sie sollen schließlich ihr Leben einmal eigenständig und selbstverantwortlich meistern können. Der Hund jedoch darf nicht selbständig werden bzw. sich verselbständigen, denn dann sind die Probleme mit ihm im täglichen Leben vorprogrammiert. Er

Es ist unsere Aufgabe, dem Welpen Führung und Schutz zu geben.

verbleibt auf dem Status des führungsbedürftigen Kindes, welches unserer Anleitung, unseres Schutzes und unserer Richtungsbestimmung bedarf. Somit entspricht die Mensch-Hund-Beziehung einem Eltern-Nachwuchs-Gefüge!

Die Psychoanalyse definiert nach Erik H. Erikson (1950) das von einem Kind zu entwickelnde Ur-Vertrauen als »Vertrauen in Vertrauen«. Es geht dabei darum, dass sich im Kind in den ersten Lebensmonaten ein Gefühl dafür entwickelt, welchen Menschen und welchen Geschehnissen in seiner Umgebung es vertrauen kann – oder eben nicht. Urvertrauen kann nur dann bestmöglich aufgebaut werden, wenn das Kind sich einer konstanten, verlässlichen und umsorgenden Zuwendung sicher sein kann. In diesem Zusammenhang ist auch der Begriff des Ur-Misstrauens wichtig, welches sich im Kind durch frühe Enttäuschungen und Mangel an Liebe und Zuwendung der Bezugspersonen manifestiert.
Urvertrauen wie auch sein Pendant Urmisstrauen sind maßgeblich entscheidend für die Charakterbildung eines Individuums und für dessen

Bereitschaft und Fähigkeit, Beziehungen zu seiner sozialen Umwelt aufzubauen, zu intensivieren und zu pflegen.

Diese vorangegangene Exkursion in die Humanpsychologie lässt sich bedenkenlos auf unser Hundekind übertragen! Auch ein Welpe muss Vertrauen entwickeln und mit seinem neuen Umfeld und dem gesamten dazugehörigen Drumherum vertraut gemacht werden. Der Verhaltensbiologe Udo Gansloßer erklärt einleuchtend, dass »je besser man einen Artgenossen kennt und je größer die Vorhersagbarkeit seines Verhaltens (ist), desto wertvoller wird er als Beziehungspartner. (...) Vertrautheit wird (...) als Vorhersagbarkeit des Verhaltens definiert, und diese Vorhersagbarkeit steigt einerseits mit dem Zeitraum, in dem man sich schon kennt, andererseits natürlich auch mit der Konsistenz des Verhaltens des Betreffenden selbst.« (2007) Das gilt für die hundliche Beziehung zum Menschen analog.

Stellen Sie sich einmal vor, Sie würden zur Sommerfrische oder zur Berufsausübung allein in ein fremdes Land zu fremden Menschen geschickt werden. Weder verstehen Sie die Sprache, noch sind Sie mit den dort üblichen Regeln des täglichen Lebens vertraut. Sie haben Hunger, Sie haben Durst, Ihnen ist kalt und Sie fühlen sich einsam. Plötzlich stehen noch nie vorher gesehene Personen vor Ihnen, die, womöglich noch wild gestikulierend, auf Sie einreden und Ihnen etwas mitteilen wollen. Da Sie nicht verstehen, was von Ihnen erwartet wird, reagieren Sie auch nicht so, wie es gewünscht wird. Eventuell werden die Aktionen Ihres Gegenübers nun noch massiver oder aber Sie werden unverstanden »im Regen stehen gelassen«! Wie fühlen Sie sich in einer solchen Situation? Sicherlich nicht wohl, geborgen und sicher, oder?!

Ähnlich wird es einem Welpen ergehen, wenn er, getrennt von Mutter und Geschwistern und herausgenommen aus seiner bislang vertrauten Umgebung, in sein neues Zuhause bei seinen zukünftigen Menschen Einzug hält. Unser Beispiel berücksichtigend wird leicht erkennbar, worin eine wesentliche Aufgabe des Menschen in den ersten Tagen und Wochen nach der Welpenübernahme sinnvollerweise besteht: Die ersten »Übungen«, wobei man auch die innigen Kontakte mit dem neuen Familienmitglied so ansehen und nennen kann, bestehen aus vertrauensbildenden Maßnahmen, die Vertrautheit schaffen, eine sozio-positive Beziehung herstellen und die Bereitschaft des Hundes wecken, dem Menschen zu folgen. Dem vierbeinigen Schützling werden Sicherheit, Schutz und Geborgenheit vermittelt, er muss die Erfahrung machen können: »Diesen Menschen kannst Du vertrauen, auf sie ist Verlass!«

Die »Menschenwelt« birgt vieles Unbekannte und vermeintlich Bedrohliche für den Welpen, deshalb muss das Hundekind besonnen und umfassend mit ihr vertraut gemacht werden. Ruhe, Geduld und Souveränität der zweibeinigen »Hunde-Eltern« sind gefordert.

Dabei ist sicherlich am schwierigsten, **nicht** permanent mit dem drolligen, niedlichen Hundekind »herumzukaspern«, sondern bereits vom ersten Tag des Kontakts mit ihm im neuen Zuhause ruhig und besonnen zu agieren und zu reagieren, konsequent und welpenverständlich Regeln aufzustellen und Grenzen zu setzen. Das Hundekind bedarf einer klaren Anleitung und einer gefühlvollen Integration in die neu gebildete soziale Gruppe. Auch wenn Interesse, Begeisterung und Sorge rund um das neue Familienmitglied kreisen, so hat dieses frühzeitig zu lernen, dass sich nicht das gesamte Universum allein um es dreht. Es muss nicht jede direkte Kontaktaufnahme, jeder Blick des Welpen und/oder sonstige Aufforderung des Hundes sofort nach **seinem** Willen beantwortet werden, aber es sollte zumindest eine kurze Reaktion kommen. Ein: »Nein, jetzt nicht« mit Ignorieren der Aufforderung ist der Welpe durchaus auch von seinen Geschwistern und seiner Mutter gewohnt. Die Beziehung zu ihm wird keinen Schaden nehmen, eher im Gegenteil. Andererseits sollte aber jegliche vom Menschen ausgehende Aufforderung, auf die der Welpe reagiert, positiv besetzt sein und bestärkt werden, um zu signalisieren: »Achte auf mich, es lohnt sich für Dich!«

Forscher der Eötvös Loránd Universität in Budapest haben 2022 durch eine Studie belegt, dass Hunde Sprachen unterscheiden bzw. unterschiedlich auf diese reagieren. Der ihnen vertraute und gewohnte Klang einer Sprache löst demnach andere Hirnaktivitäten aus als eine ungewohnte Phonetik. Dies ist besonders dort zu bedenken, wo z. B. Auslandswelpen adoptiert werden, die mit einem völlig anderen Sprach-Singsang groß geworden sind!

Eine vertrauensvolle Beziehung zwischen Mensch und Hund bildet die Basis für ein unbeschwertes Miteinander.

Ein klar strukturiertes Umfeld verschafft dem Welpen die Sicherheit, die er für ein ausgeglichenes Dasein braucht.

Bindung ist wichtig – doch was bedeutet sie eigentlich in Bezug auf den Welpen?

Immer wieder ist zu lesen, dass der Hund Bindung zu seinem Menschen aufbauen muss. Grundsätzlich ist das durchaus richtig, in Bezug auf den Welpen sind dabei aber einige Erkenntnisse der Verhaltensforschung richtungsweisend zu beachten. Welpen bis hin zum Junghund von circa vier, fünf Monaten entwickeln zwar eine recht stark ausgeprägte Ortsbindung, jedoch noch keine individuell ausgeprägte Personenbindung! Warum das so ist, beschreibt der Kynologe Erik Zimen bereits 1988 sehr anschaulich und nachvollziehbar:
Unsere Hunde verhalten sich grundsätzlich wie verjugendlichte Wölfe (Fetalisation). Zwischen der Entwicklung der Hunde- und Wolfswelpen gibt es erstmal kaum wesentliche Unterschiede. Erst in der späteren Entwicklung der beiden Canidenarten sorgen die Domestikationserfolge dafür, dass im Entwicklungsvergleich Hunde auf dem Jugendstadium eines Wolfes stehenbleiben und nicht das ausgeprägte Scheue-Verhalten und die Fluchttendenzen ihres Ur-Ahnen aufweisen. Voraussetzung ist natürlich eine gute, umfassende Sozialisation des Haushundes.
Wolfswelpen begegnen Artgenossen grundsätzlich freundlich und unterwürfig. Sie demonstrieren überschwänglich kindliche Abhängigkeit, um »so den Fremden zu verstärktem Fürsorgeverhalten zu animieren«. Zimen bezeichnet dies Verhalten als Überlebensstrategie, »infantile Freundlichkeit (...) des Welpen als „Waffe"«. Dieses generelle freundliche Verhalten Artgenossen, aber auch Menschen gegenüber, sehen wir auch bei unseren Hundewelpen. »Freundliches Verhalten gegenüber Fremden ist nicht Ausdruck der Bindungsschwäche gegenüber seinem Herrn, (...) sondern ein Anzeichen dafür, dass diesen Hunden die große Kontaktbereitschaft des jungen Wolfes erhalten blieb.« Wolfswelpen, wie Hundewelpen auch, laufen ungerichtet ihnen bekannten Lebewesen hinterher. Anfangs bleiben sie in relativer Nähe, weisen aber deutliches Unbehagen auf, wenn es in unbekanntes Terrain geht. Erst im Alter von circa drei Monaten lassen sie sich locken und motivieren, auch bislang fremde Pfade zu

Welpen kennen in diesem Alter noch keine individuelle Personenbindung und können diese aus verhaltensbiologischen Gründen auch noch nicht entwickeln! Für Welpen typisch ist aber die ihnen eigene, biologisch begründete Ortsbindung.

beschreiten. Das Verhalten erklärt sich aus der biologischen Entwicklung des jungen Wolfes, denn erst im Alter von ungefähr »einem halben Jahr (ist er) kräftig genug (...), den älteren Tieren auf längeren Wanderungen zu folgen.« (Zimen) Außerdem ist der ortstreue Welpe leicht und problemlos von den Alttieren wieder auffindbar, wenn diese mit Futter von Jagdstreifzügen zurückkehren.

Die vorangegangenen Ausführungen bieten weitere Ansatzpunkte für die Unterrichtsinhalte des Hundekindes. Einerseits soll der Welpe viele positiv besetzte Kontakte knüpfen und seine nächste Umgebung erkunden können, andererseits darf er

Auch im näheren Umfeld des Zuhauses gibt es eine Menge für junge Hundekinder zu entdecken.

hierbei aber nicht überfordert werden. Gansloßer betont in seiner »Verhaltensbiologie für Hundehalter« ebenfalls, dass Welpen »bis zum Alter von acht bis zehn Wochen kaum größere Exkursionen unternehmen«. Weiter betont er die Notwendigkeit, »den Welpen und Junghunden unterschiedliche Umweltreize in zu bewältigender Form und zu bewältigendem Ausmaß zu präsentieren«, weist aber gleichzeitig darauf hin, dass »dies jedoch besser dadurch geschieht, dass man die Welpen entweder mit diesen Reizen zu Hause oder in der nächsten Umgebung der Wohnung konfrontiert.« Damit spricht sich Gansloßer keinesfalls gegen die sinnvolle Teilnahme an Welpengruppen oder sonstigen Aktivitäten mit dem jungen Hund aus, rät vielmehr eindringlich dazu, das Hundekind zu diesen Treffpunkten im Körbchen, in der Box oder im Auto zu transportieren, da lange »Spaziergänge (...) sowohl verhaltensbiologisch als auch orthopädisch in jedem Fall (noch!) abzulehnen (sind).«

Wie lange darf ein Welpe laufen?

Damit landen wir bei einer Gretchenfrage, die Ihnen kein Buch und kein seriöser Hundetrainer mit einer konkreten Zeitmaß-Angabe beantworten kann, nämlich wie lange am Stück ein Welpe laufen darf. Welpen haben einen ebenso ausgeprägten Bewegungsdrang wie Menschenkinder auch. Dieser Bewegungsdrang differiert etwas nach Rasse, individuellem Typ und Alter. In manchen Internetveröffentlichungen ist der fragwürdige Rat zu lesen, ein Welpe dürfe nur fünf Minuten pro Lebensmonat bewegt werden, also ein viermonatiges Hundekind gerade mal zwanzig Minuten! Damit ist der normale Durchschnittswelpe aber definitiv nicht müde, geschweige denn »ausgepowert«. Wen verwundert es dann noch, wenn er Alternativen sucht, um seine überschüssige Energie zu verbrauchen, und sich deshalb z. B. tatkräf-

Die Bereitschaft zum Begleiten und das Interesse an einer Radiuserweiterung wachsen beim Welpen von Tag zu Tag.

tig in der Verwüstung der Wohnung engagiert? Zugegeben, die Frage der Beschäftigungsdauer und Bewegungsintensität des Hundekindes ist eine Gratwanderung zwischen Über- und Unterforderung. Grundsätzlich kann man aber sagen, dass so lange, wie der Welpe ausgelassen spielt und beim Spaziergang noch frohgelaunt voranstürmt, er sicherlich noch nicht müde und überfordert ist. Setzt oder legt er sich aber häufig hin, so wird es ihm zu viel und er sollte zuhause zur Ruhe kommen können. Die Länge eines Spaziergangs ist daher sowohl vom Hundetypus als auch individuell zu sehen und zu bestimmen. Und es muss deutlich unterschieden werden, ob der Welpe spielt und sich frei bewegt (und somit ungehindert anzeigen kann, wann es ihm zu viel wird) oder ob er angeleint mitgeführt und womöglich nach einer Weile nur noch hinterhergeschleift wird.

Und wie ist das mit den Treppen?

Immer wieder sind die Warnungen vor dem Treppenlaufen zu hören. Fakt ist aber, dass es bislang (Stand 2023) keine einzige Studie gibt, die einen Zusammenhang zwischen dem Laufen von Treppen im Welpenalter und späteren Gelenkerkrankungen belegt. Professor Dr. Martin Fischer aus Jena, der mit seinem Team aufschlussreiche Gangwerksstudien betreibt, stellt fest, dass Hunde Treppen anders steigen als Menschen. »Während beim Menschen der Hauptbewegungsumfang beim Treppensteigen im Knie- und Hüftgelenk auftritt, löst der Hund dieses Problem durch eine erhöhte Bewegung (...) im Sprunggelenk.« (Gansloßer, Krivy, »Ein guter Start ins Hundeleben«, 2020)

Ein Hund, der durch das Erklimmen von Treppenstufen, ein Herauf- oder Herunterhopsen von höheren Ebenen oder durch andere aktive Erfahrungen keine Bekanntschaft mit der dritten Dimension macht, hat womöglich Zeit seines Lebens Probleme mit dem räumlichen Sehen, Erfassen und Bewerten und dem entsprechenden Umgang mit seiner dreidimensionalen Umwelt!

Welpen brauchen Erfahrungen mit der 3. Dimension.

Natürlich ist es nicht sinnvoll, mit dem jungen Hund zig mal täglich aus dem fünfzehnten Stockwerk ohne Aufzug rauf und runter zu spurten. Aber zwischendurch – der Größe angepasste! – Höhenunterschiede zu erleben und zu bewältigen, ist dringend erforderlich. Hunde, denen diese Erfahrungen der dritten Dimension fehlen, entwickeln leicht einen Schaltfehler im optischen Teil des Gehirns. Mal wieder ist es die Dosis, die das Gift macht. Also das Wann, Wie, Wie-Oft und Wo umfassender und kritischer bedenken als generell das Ob.

In die Leine zu beißen, ist ein beliebtes Tun bei Welpen. Häufig reicht es aus, auf dieses Verhalten gar nicht einzugehen, um es für den kleinen Racker langweilig werden zu lassen.

Wie erkenne ich Über-/Unterforderung meines Welpen?

Überforderung – mögliche Anzeichen können sein: Der Kleine setzt sich häufig hin, läuft beim Spaziergang nicht mehr vor, sondern bleibt zurück. An der Leine beginnt er zu »Bocken«. Er wird unaufmerksam. Er zeigt häufiges Kratzen und Gähnen.
Unterforderung – mögliche Anzeichen können sein: Der Welpe ist unruhig und stellt zu Hause »die Bude auf den Kopf«. Er ist extrem aufdringlich und »nervtötend«.

Auch wenn sich die individuelle Personenbindung, die von Gansloßer als »Bestreben nach Aufrechterhaltung der Nähe zu einem spezifischen Partner, der nicht von einem anderen der gleichen sozialen Kategorie ohne weiteres ersetzt werden kann« definiert wird, erst zu Beginn des Jugendalters, also ab dem fünften, sechsten Monat, entwickelt, so verhelfen dem Welpen innige Kontakte mit dem Menschen vom ersten Lebenstag an zu verstärkter psychischer Stabilität, besserer Stressbewältigung und einprägender Sozialisation. Dies beginnt bereits beim Züchter und wird vom Welpenkäufer weiter aufgebaut und intensiviert.

Derartige Maßnahmen sind umso wichtiger, wenn man sich die Tragweite etwaiger Versäumnisse vor Augen führt: Mangelnde Vertrautheit mit Menschen und/oder Umweltreizen führt zu erlernter Hilflosigkeit. D. h., der Hund lernt, dass bestimmte Menschen für ihn nicht kalkulierbar sind, er bestimmten Situationen nicht gewachsen ist und scheitern wird. Letztlich wird er gar nichts mehr versuchen und vor den Anforderungen des täglichen Lebens kapitulieren. Es macht schließlich der die wenigsten Fehler, der gar nichts tut!
»Wenn das dann generalisiert wird und von einer einzigen Beziehung auf alle, oder zumindest viele Beziehungen (...) übertragen wird, haben wir ein schwer beziehungsgestörtes Individuum vor uns, wie es beispielsweise auch Hunde bei permanenter Überforderung und permanenter Negativbestärkung in Dressur und Trainingsakten zeigen können.« (Gansloßer)

Da Sie ein solches Resultat für das zukünftige Leben mit Ihrem Welpen sicherlich nicht erzielen wollen, zeigen wir Ihnen nachfolgend einige praktische Übungen zum Beziehungsaufbau und zur Entwicklung von Vertrauen in den Menschen und zur Verdeutlichung einer klar strukturierten Mensch-Hund-Partnerschaft.

Übungen zum Beziehungsaufbau

Ich heiße …

Wenn das Hundekind bei Ihnen einzieht, ist ihm noch nicht bewusst, dass Sie ihm einen individuellen Namen gegeben haben! Im positiv besetzten Umgang mit Ihnen lernt der Kleine aber schnell, dass mit diesem bestimmten Wort nur er gemeint ist. Hilfreich für Sie und Ihren Hund, wenn Sie einen Namen wählen, der nicht zu dumpf klingt, weil er auf tiefe Vokale endet (wie z. B. Bruno, Medu u. a.). Hellklingende Namen animieren eher, auf diesen Laut zu reagieren. Zeigen Sie Ihrem Welpen, dass es sich lohnt, auf den Namen zu reagieren: Sprechen Sie ihn freundlich mit diesem Wort an, geben Sie ihm ein Futterbröckchen oder bieten Sie ihm ein Spieli an. Schnell verknüpft der Kleine den Klang seines Namens mit Futter/Spaß und Sie können einen Schritt weiter gehen in der »Lern-Deinen-Namen-Lektion«. Gehen Sie ein paar wenige Schritte vom Welpen weg und sprechen ihn mit seinem Namen an. Den Futterbrocken oder das Spieli halten Sie bereits für ihn sichtbar in der Hand. Er kommt zu Ihnen und holt sich was ihm gefällt ab. »Wow, das Wort ist toll! Ich bin gemeint, bekomme etwas, wenn das Wort erklingt, und das hängt auch noch mit meinem tollen Menschen zusammen!« Die nächste Steigerung wäre dann, den Welpen anzusprechen, wenn er nicht bereits auf Sie aufmerksam ist. Aus dieser Abfolge entwickelt sich später die erste Heranruf-Übung.

Wir sind uns nah!

Setzen oder legen Sie sich zu Ihrem Welpen auf den Boden. Streicheln und liebkosen Sie ihn überall an seinem Körper. Lassen Sie den Welpen auch ruhig auf Ihnen herumklettern. Fängt er an, Sie zu beknabbern oder zu beißen, so rufen Sie mit hoher Stimme »Au!« und unterbrechen sofort den Kontakt. Verhält er sich daraufhin wieder vorsichtig und mäßigt sein Verhalten, so erhält er zur Bestätigung weiterhin Ihren freundlichen Kontakt zu ihm. Wird er massiver in seinem

Verhalten, so maßregeln Sie ihn deutlicher, z. B. durch ein klares, betont festes, kräftiges »Nein«. Und wieder wird der Kontakt unterbrochen. Und zwar **sofort**!

Der Welpe lernt so Beißhemmung dem Menschen gegenüber, welche ihm durchaus nicht angeboren ist, sondern im sozialen Umgang erlernt werden muss. Der Hund variiert sein Verhalten, indem er des Menschen Reaktion als Maßstab erfährt. Da er die Nähe und den Kontakt sucht und wünscht, lernt er durch Erfolg und Misserfolg: Ich verhalte mich so und werde gestreichelt und geknuddelt, bzw. ich verhalte mich anders – der Mensch bricht den Kontakt zu mir ab – und ich bin allein.

Im sozio-positiven Umgang mit dem Menschen lernt der Welpe, wem er vertrauen kann, wer für ihn sorgt, wem zu folgen sinnvoll ist.

Reaktionen auf das Verhalten des Welpen – und des Hundes generell – müssen unmittelbar erfolgen, damit der Hund es mit seinem zuletzt gezeigten Verhalten in Verbindung bringen kann. Das heißt, dass nur wenig Zeit bleibt, um den Hund für erwünschtes Verhalten zu loben bzw. unerwünschtes Verhalten mittels Abbruchsignal zu korrigieren.

Dabei müssen bestätigende Gesten (Streicheln) und abbrechende Signale (»Nein« oder »Au« und Kontaktabbruch) im zeitlich korrekten Wechsel erfolgen, was unter Umständen nach sehr schnellen Reaktionen des Menschen verlangt. Nur auf den Punkt gesetzte und angemessene Reaktionen werden vom Welpen so verstanden, wie sie vom Menschen gemeint sind.

Beim Welpen noch niedlich, doch bald schon lästig und unerwünscht, das Beknabbern menschlicher Hände. Deshalb macht es Sinn, dieses Verhalten nicht zu fördern, sondern von Anfang an in alternative Verhaltensweisen umzulenken.

Knabbern/Beknabbern zählt mit zum sogenannten »selbstbelohnenden Verhalten«. Deshalb macht es keinen Sinn, dieses – wie häufig propagiert – einfach zu ignorieren in der Hoffnung, dass der Welpe es dann einstellt! Es macht ja Spaß, vermittelt ein gutes Gefühl, aktiviert Wohlfühlhormone – warum dann sein lassen? Hier braucht es daher eine Anleitung durch den Menschen, um das Verhalten zu formen.

Achte auf mich

Zur Intensivierung der Beziehung und des Beachtens eignen sich Beziehungsspiele wie z. B. »Verstecken«: Ist der Welpe gerade an allem Möglichen interessiert, achtet aber gar nicht auf Sie, so verstecken Sie sich und rufen seinen Namen. Hierbei ist wichtig zu beachten, dass Sie einerseits nicht zu weit vom Welpen entfernt sind, denn sein Blickfeld ist noch nicht umfassend, und andererseits nicht reglos verharren, da Welpen bzw. Hunde generell nicht in der Lage sind, statische Dinge eindeutig zu erkennen und zuzuordnen.

Eine Variante der Aufmerksamkeitsschulung ist es, mit Juchzen und Jauchzen einfach wegzulaufen, wenn das Hundekind mit lauter anderen »wichtigen« Dingen beschäftigt ist. Kommt es hinterher, wird es überschwänglich mit Stimme, Spiel, Streicheleinheit und/oder Futter belohnt.

Wieder erfährt es: Es lohnt sich, auf den Menschen zu achten!

Bedenken Sie: Um eine Beziehung einzugehen, bedarf es einer gewissen Attraktivität des potentiellen Beziehungspartners. Das geht uns Menschen auch nicht anders. Machen Sie sich attraktiv und interessant für Ihren Hund. Gansloßer weist ausdrücklich darauf hin, dass Attraktivität die »Beziehungsfähigkeit stark beeinflusst« und erklärt, dass unter dem Begriff der Attraktivität Eigenschaften zu verstehen sind wie z. B. »Status, Rangposition, Revierbesitz, Herrschaftswissen, aber auch die Fähigkeit, (bestimmte) Dinge zu tun«. Somit erklärt sich, dass Welpen diejenigen Menschen als attraktiv bewerten, von denen sie klare Signale eines sozio-positiven Umgangs (auch Beschäftigung), Richtungsweisung und Schutz erfahren. Hier spielen zum Beispiel Zeigegesten auch eine wichtige Rolle: Wenn mein Mensch mir etwas zeigt, gibt es für mich etwas zu finden!

Drei Behältnisse (kleine Schüsseln, Töpfe, Eimerchen o.ä.) werden umgedreht in eine Reihe gestellt. Unter einen der Behälter wird Futter gelegt. Zu Beginn des Spiels dürfen die Welpen noch schauen, wo das Futter versteckt wird, später nicht mehr. Der Welpe wird abgeleint und darf nun solange suchen, bis er das Futter gefunden hat. Sollte er Schwierigkeiten haben, das Futter unter dem Behältnis hervorzuholen, wird ihm geholfen bis er selber den Trick raushat.

Varianten:

- Die Anzahl der Behältnisse wird erhöht.
- Zeigegesten werden eingebaut.

Alle Welpen sind im Freilauf, die Menschen bilden einen großen Kreis um die Welpen. Die Welpen werden weder angesprochen, noch erhalten sie irgendeine Anweisung. Kommt der jeweilige Welpe aber zum zugehörigen Menschen draufzu- oder hingelaufen bzw. in dessen Nähe, reagiert der Mensch freundlich-fröhlich mit Gesten, Mimik und Jauchzen und offeriert eine Futterbelohnung oder ein kurzes Spiel. Dann wird der Kleine mit einem Aufhebungssignal (z. B. OK, Lauf) wieder umgehend freigegeben und darf zurück zu seinen Spielgefährten flitzen.

Konditionierung auf Pfeife

Durchweg empfehlenswert ist es, einen Welpen auf Pfeife zu konditionieren. Das Signal einer einfachen Hundepfeife ist von verschiedenen Personen der Familie gleichermaßen einsetzbar. Egal, wer sie benutzt, sie bedeutet immer das gleiche, ist dabei völlig emotionslos und somit nicht tagesabhängigen Stimmungsschwankungen unterworfen, wie es die menschliche Stimme nach Stress, Ärger oder Sorgen durchaus sein kann. Im Idealfall hat der Züchter hier bereits den Grundstein gelegt und zu den Fütterungszeiten die Welpen bereits mit der Pfeife vertraut gemacht. Wir empfehlen eine einfache Büffelhorn- oder ACME-Hundepfeife, da die sogenannten »lautlosen« Pfeifen individuell mittels Justierrädchen eingestellt werden müssen und sich sehr leicht verstellen. Geräusche, die wir Menschen gut hören, hört auch der Hund. Reagiert er dann nicht auf den Pfiff, hat dieser für ihn keine Bedeutung. Es kann aber auch sein, dass er ihn einfach nur ignoriert oder dass er schlimmstenfalls taub ist.

Pfiff = Lecker! Das lernt sich schnell!

Konditionierung bedeutet, dem Hund einen Zusammenhang zwischen einer bestimmten Handlung und der resultierenden Belohnung zu verdeutlichen, hier also Pfiff = Kommen = Bestätigung.

Mit Hilfe gezielter Übungen kann man dem Hund die Bedeutung des Pfiffs vermitteln.

Einige Übungstipps:

- Immer, wenn ein Pfiff ertönt (anfangs etwas weniger kräftig in die Pfeife pusten, damit der Welpe sich nicht erschreckt!), gibt es einen Futterbrocken.
- Wird eine Kaustange gegeben, erfolgt bei der Übergabe ein Pfiff.
- Wird die Futterschüssel freigegeben, ertönt ein Pfiff.
- Darf der Welpe einen Schnüffelrasen absuchen, erfolgt ein Pfiff. Gut kann eine Zeigegeste den Pfiff begleiten!
- Zwei dem Hund vertraute Personen stehen sich mit ihren Pfeifen in geringem Abstand gegenüber. Nun wird der Hund mittels Pfiff hin- und hergelockt. Jedes Kommen auf Pfiff wird natürlich sofort mit einem Futterbrocken vom jeweiligen Menschen belohnt. Die Reaktion auf den letzten Pfiff kann auch durch ein lustbetontes Spiel bestätigt werden!

Und immer gilt: Wiederholen Sie die Übung nicht zu oft hintereinander, sondern verteilen Sie mehrere Übungseinheiten über den Tag.

Sich mit dem Welpen zu beschäftigen macht Spaß und fördert das Wir!

Interaktives Spiel

Probieren Sie doch auch einmal Spielsequenzen aus, in denen Sie sich selbst als Spielpartner zur Verfügung stellen. Sie können Ihren kleinen Hundeknirps sanft rempeln, schubsen, Ihren Fingern nachjagen lassen, mit den Händen auf den Boden klopfen, den Welpen zum Klettern auf Ihrem Körper animieren usw.

Auch hier kann der Mensch vom Umgang der Mutter oder der »Kindermädchen-Althunde« mit den Hundekindern bzw. der Geschwister untereinander einiges lernen! Und macht das Spiel dann auch noch so viel Spaß, darf der Welpe nicht unnötig aufgedreht oder überanstrengt werden. Lieber kurze, intensive Spieleinheiten gestalten, die dann ruhig auch mehrmals am Tag stattfinden dürfen.

Wir spielen zusammen

Beim Spiel wird unterschieden zwischen Objektspielen (Spiel mit Gegenständen), Solitärspielen (Spiel mit sich selbst) und Sozialspielen (Spiel mit Partner/n). Je nach Temperament und Stimmungslage des Welpen beschäftigt er sich durchaus auch gern mal mit sich selbst, bevorzugt doch zumeist das interaktive Spiel, das heißt, das Spiel mit einem oder mehreren Partnern. Gemeinsames sinnvolles Spiel mit dem Welpen ist häufig schwieriger, als es sich der Mensch vorstellt! Sagen wir den Hundehaltern in unseren Hundegruppen: »Spielen Sie doch mal ein paar Minuten mit Ihrem Hund!«, kommt nicht selten ein ratloser Blick und die Antwort: »Wir haben gar kein Spielzeug dabei.« Mit dem Hund zu spielen bedeutet aber nicht nur, Objekte durch die Gegend zu werfen oder Zerrrangeleien mit ihm zu veranstalten.

Etwas zum Ziehen und Zergeln findet sich doch immer. Man muss aber auch mit der Reaktion umzugehen lernen.

Objektspiel

Nehmen Sie ein Spielzeug zur Hand, so darf nicht nur, sondern sollte durchaus zwischendurch auch der Welpe mal als Sieger aus dem Spiel hervorgehen. Auch im Spiel mit Artgenossen wird situativ entschieden und nicht starr nach Rangstatus!

Ganz im Gegenteil hebt ein Ranghöherer z. B. durch das sogenannte Self-handicapping, also einem Sich-klein-Machen, sein Tempo verlangsamen, Sich-schwach-Zeigen, die Rollen auf, was ein klares Indiz für Spiel ist.
Entscheidend für den Verlauf des Spiels mit einem Gegenstand ist einzig und allein, welche Wertigkeit der ranghöhere Spielpartner der vermeintlichen Beute im Augenblick zuspricht. Wird die Beute vom Übergeordneten beansprucht, so entwickelt sich kein »Spiel« (Kampf) darum, die Beute wird genommen, Diskussionen nicht zugelassen. Hat sie jedoch momentan keinen hohen Stellenwert, so wird sie gern auch Rangniederen überlassen. Somit bricht dem Menschen kein Zacken aus der Krone und er schafft sich auch nicht automatisch ein zukünftiges »Dominanzproblem«, wenn er einen Spielgegenstand einfach überlässt und der Welpe das »Siegertreppchen« erklimmen darf.
Gerade für unsichere Welpen ist das durchaus wichtig und verhilft zu mehr Selbstbewusstsein.

Die Interaktion mit einem souveränen Althund ist für einen Welpen gleichermaßen Spiel wie Lernsequenz. Althunde zeigen bei diesen Gelegenheiten häufig das sogenannte Self-handicapping. Sie machen sich klein, langsam oder schwach, um einen ebenbürtigen Partner darzustellen. Wie Eltern im spielerischen Tun mit Kindern!

Beim nächsten Spiel sind die Karten neu gemischt und es darf dann auch ganz anders aussehen. Das kennt der Welpe, das ist ihm aus Spielsequenzen mit Artgenossen bekannt und das kann er verstehen und verarbeiten!

Vorsicht Gefahr!

An dieser Stelle ein paar Anmerkungen zu sinnvollen bzw. eventuell gefährlichen Spielzeugarten: Der allseits beliebte Tennisball stellt für einen Hundewelpen kein geeignetes Spielzeug dar! Der gelbe Filzüberzug der Bälle ist zwar bestens geeignet, um dem passionierten Tennisspieler gekonnte Spins zu ermöglichen, wirkt sich auf Hundezähne aber wie feines Schmirgelpapier aus.
Wenn Sie mit Ihrem Welpen mit einem Tennisball spielen wollen, so stecken Sie den Ball in eine Tennissocke und sichern ihn darin mit einem Knoten. Schon ist ein tolles und ungefährliches Spielzeug gebastelt. Auch ein altes Handtuch, in das man einen Knoten macht, eignet sich gut zum Um-die-Ohren-Schlackern und ist ebenso beliebt und empfehlenswert wie die Baumwoll-Taue, die als Hundespielzeug angeboten werden. Hundespielzeug aus Hartgummi ist unbedenklich, vorausgesetzt, die Größe ist so gewählt, dass es nicht vom Welpen verschluckt werden kann oder beim Rutschen in den hinteren Rachenraum Luftwege behindert bis verschließt. Auch mit einem großen Gelenkknochen vom Rind, Kalb, Pferd oder Schaf lässt es sich wunderbar die Zeit verbringen! (Niemals Knochen und/oder Fleisch roh vom Schwein geben! Gefahr Aujeszky-Virus, der tödlich für Hunde ist!)

Ausdrücklich gewarnt werden muss vor dem Werfen von Stöckchen, Ball, Tannenzapfen und Co.! Falsch aufgefangen, können diese den

Stöcke sind allseits beliebt, aber nicht ungefährlich.

Fang-Rachenraum erheblich verletzen, im Hals stecken bleiben und im schlimmsten Fall sogar zu tödlichen Unfällen führen! Das Spiel mit Tannenzapfen ist nicht unbedenklich, weil einzelne »Schindeln« der Zapfen sich lösen und im Hals oder der Maulhöhle festsetzen können. Verschluckte Zapfen, wie auch verschluckte Steine (!), können zu Verstopfungen, Darmverschlüssen oder -perforationen führen!
Da Welpen gerne alles durch die Gegend schleppen, sollte darauf geachtet werden, dass sie Stöcke nur quer zum Maul tragen, was das Verletzungsrisiko zumindest minimiert. Besser ist aber, sie ein ungefährliches Welpenspielzeug tragen zu lassen, wenn sie sich betätigen möchten.

Eine ebenso oft unterschätzte Gefahr lauert in Beinscheibenknochen, die gern zum Spiel und zum Benagen gegeben werden. Sind sie (zu) klein, können sie leicht verschluckt werden. Haben sie eine bestimmte ungünstige Größe, besteht die Gefahr, dass der Hund sich den knöchernen Ring über die Fangzähne nach hinten auf den Kiefer schiebt und allein nicht mehr nach vorne und wieder herunter bekommt!

Unsere Welpen, aber auch die Junghunde und selbst die erwachsenen Vierbeiner, beschäftigen sich begeistert mit Pappkartons. Sie können durch die Gegend geschoben werden, man kann sich in ihnen verstecken und auch mal Leckerchen finden.
Die warnende Meinung vor Spielzeug mit Quietschie wird von uns nicht geteilt. Angeblich würden Hunde dadurch ihre Beißhemmung gegen Artgenossen verlieren, weil diese ja auch quietschen, wenn ein Gerangel zu heftig wird. Für wie dumm werden denn hier unsere Hunde gehalten? Hunde können mit ihrem extrem guten Gehör sehr wohl zwischen dem Quietschen eines Spielzeugs und dem eines Artgenossen oder eines Menschen unterscheiden! Allerdings sollte ein solches Spielzeug nur unter Aufsicht zugelassen werden, denn gern betätigen sich Hunde auch als »Püppchen-Chirurgen« und sezieren den flauschigen Spiel-Teddy. Dabei wird dann das aus Plastik bestehende Quietsch-Objekt freigelegt, was beim Verschlucken gesundheitlich nicht unbedenklich wäre.

Welpenspielzeug muss ungefährlich sein, vor allem dann, wenn damit auch noch gerannt wird. (Hier ein Knauder's Best Knötli)

Ich geh' nicht »nackt« auf die Straße – »Ausgeh-Garnitur« (Halsband oder Brustgeschirr) und Leine

Die meisten sorgfältig vorgehenden Züchter gewöhnen den Welpen bereits frühzeitig vor Abholung durch die neuen Menschen-»Eltern« an das Tragen eines Halsbandes oder Brustgeschirrs. Wir handhaben es bei unseren Würfen in der Regel so, dass die Welpen ihr »Outdoor-Outfit« angelegt bekommen, bevor sie fressen, um es anfangs nach dem Vertilgen der Mahlzeit gleich wieder abzunehmen. So verbinden die Welpen das etwas irritierende und störende Etwas um Hals oder Brust mit dem Angenehmen, dem Futter. Auch beim Spiel lassen sich Halsband und/oder Brustgeschirr gut anlegen, vorausgesetzt, sie sind gut angepasst, damit kein anderer Welpe daran hängenbleiben kann. Relativ flott akzeptieren die Kleinen so dieses notwendige Zubehör, wenn auch gelegentlich durch Kratzen signalisiert wird, dass es ihnen doch noch nicht so ganz angenehm ist.

Hat sich das Hundekind an den ersten Teil der Ausgehgarnitur gewöhnt, wird anfangs eine kurze, leichte Leine eingeklinkt, die aber einfach nur vom Hund hinterhergezogen wird. So gewöhnt er sich an einen leichten Druck gegen das Halsband oder Geschirr und akzeptiert schneller die Leine, wenn sie dann von Ihnen in der Hand gehalten wird. Wieder können Sie über Futter oder auch über ein interessantes Spielzeug den Hund (ausgestattet mit Halsband/Geschirr und Leine!) motivieren, Ihnen zu folgen und die Erfahrung zu machen, dass sich in Gemeinschaft mit Ihnen tolle Dinge erleben lassen – auch »angezogen«!

Nicht immer und sogleich zeigt ein Welpe sich einsichtig, wenn es um die Notwendigkeit seines »Outdoor-Outfits« geht.

Thema Ruhe

Welpen und Ruhe? Das passt doch gar nicht zusammen – denken frischgebackene »Welpeneltern« jetzt womöglich sofort. Dabei ist gerade das Thema ein wirklich zentrales! Viele Berufskolleginnen und -kollegen teilen unsere Erfahrungen, dass manch ein Welpe einen durchgetackteteren Stundenplan hat als ein gefragter Manager. Alles natürlich zur gutgemeinten, aber falschgedachten (!) Frühförderung: Bloß nichts verpassen! Und dann sehen wir eben die hibbeligen, aktiven, auf alles und jeden hinziehenden und alles und jeden kommentierenden »Duracell-Hundekinder« mit geringer Impulskontrolle und wenig Frustrationstoleranz, die von ihren mehr und mehr strapazierten und zusehends erschöpften Menschen entschuldigend lächelnd als »etwas temperamentvoll« vorgestellt werden. »Auch körperliche Begleiterscheinungen wie häufige Verdauungsstörungen mit Durchfall, Erbrechen oder Blähungen können (im Zuwenig von Ruhe) begründet liegen. Betont werden muss (aber auch), dass hier ganz sicherlich jeder junge Hund individuell zu betrachten ist.« (Gansloßer, Krivy, 2020)

Im englischsprachigen Raum gibt es den Spruch »tired but wired« und alle Eltern werden wissend nicken, wenn man feststellt: »Nach müde kommt doof!« Das passt durchaus auch auf Hundekinder!

Eine Decke als Wohlfühlinsel lässt sich gut trainieren.

Hunde brauchen generell viel Ruhephasen, viel Zeit zum Liegen, Dösen und Schlafen. Und Welpen noch viel mehr. Soll man nach dem Volksmund schon »schlafende Hunde nicht wecken«, so gilt das für Welpen erst Recht. Vor allem aber sollte man ihnen auch viel Raum (nicht im Sinne eines Ortes, sondern im Sinne von Möglichkeiten!) zum Ent- und Ausspannen bieten und Entspannung und Runterfahren positiv besetzt durchaus auch gezielt einüben. Ritualisieren Sie doch innige Momente, Kuscheleinheiten, entspannte Streichelminuten! Wiederholen Sie in diesen Augenblicken immer wieder ein gleiches Wort wie eventuell »Still«, »Ruhig«, »Chill«, »Harmonie« oder was Sie mögen (aber wählen Sie einen weichen, sanft klingenden Begriff!) auf leise, ruhige, angenehme Art und Weise, so dass das Wort, die schöne Atmosphäre und die angenehme Behandlung für den Welpen verschmelzen. Es bildet sich eine Art gegenseitiges Versprechen: Wort = Wohlbefinden = Ruhe und Entspannung.

Aufgeweckt und temperamentvoll ist super. Überdrehtes Verhalten allerdings strapaziert die Nerven.

Denkt man bereits beim Welpen schon etwas in die Zukunft, so lassen sich bei diesem Ruhe-Wohlfühl-Entspannungsritual auch Düfte (z. B. Lavendel) oder sanfte Töne/Musik mit einbauen. Bitte aber mit allem vorsichtig und leicht dosiert ausprobieren, ob es beim Hund überhaupt so ankommt, wie es beabsichtigt ist! Wenn es gut klappt, so können Duft und/oder Töne/Musik auch beim Alleinbleib-Training eingesetzt werden, bei Autofahrten, bei veränderter Umgebung (z. B. im Ferienhaus) oder anderen Gelegenheiten, wo Duft und/oder Akustikeinsatz möglich sind. Weiter ließe sich auch ein Mini-Teddy oder ein Stückchen Stoff (z. B. eine kleine Decke) mit in das Ritual einbinden, was später (!) dann auch problemlos mit ins Café, ins Restaurant oder zu vergleichbaren Orten, wo ein ruhige(re)s Verweilen erwartet wird, mitgenommen werden kann.

Fuß auf die Leine als Ruhesignal

Lassen Sie eine Handlung von Ihnen zu einem Signal für den Hund werden! Ganz ohne »Kommando« oder »Befehl« kann Ihr Hund lernen, Signal und Handlung zu verknüpfen. Wenn es sich für ihn lohnt und er einen Sinn darin erfährt.
Der auf die Leine gesetzte Fuß bietet eine solche Möglichkeit und ist im Alltag in vielen Situationen nützlich: beim Warten vor der Straßenüberquerung, beim Warten auf den Bus oder Zug am Bahnsteig, beim Bezahlen an der Kasse, beim Ausfüllen eines Formulars an einem Schalter usw. Fuß auf die Leine und der Hund weiß: »Okay, nun passiert grade nix, kann ich mich auch ruhig hinsetzen oder legen und warten!« Ohne ein weiteres Dazutun vom Menschen. Probieren Sie es aus! Sie werden diese leichte Maßnahme lieben und zu schätzen lernen!

Übung 1: Sie gehen mit Ihrem angeleinten Hundekind (längere Führleine oder Schleppleine, die am Brustgeschirr, nicht an einem Halsband befestigt ist!) im Garten, auf einer Wiese oder einem ruhigen Weg ohne Ablenkung umher. Wo es Ihnen gefällt bleiben Sie einfach einmal stehen und stellen Ihren Fuß auf die Leine. Der Aktionsradius ist für Ihren Welpen gering, er kann aber bequem sitzen oder liegen. Zappelt er zu Beginn herum oder protestiert auf seine individuelle Weise, gehen Sie nicht darauf ein. Setzt oder legt er sich hin, wird ihm dieses sofort mit freundlicher Mimik, einem ruhigen Lob oder auch einem Leckerchen (beim liegenden Hund bitte nicht aus der Hand geben, sondern zwischen die Vorderbeinchen legen!) bestätigt. Meist sind nur wenige Wiederholungen nötig und der Kleine hat verstanden, dass der Fuß auf der Leine für ihn bedeutet, dass momentan nichts passiert und er mit einem ruhigen Verhalten Lob, positives Feedback und Bestätigung erhält.

Fuß auf die Leine – und nix passiert. Konsequent geübt wird das schnell zum Pausensignal und der Hund geht in eine Ruheposition.

Übung 2: Hat Ihr Hundekind den ersten Aufbau ohne Ablenkung gut verstanden und verinnerlicht, steigern Sie die Ablenkungsreize langsam. Aus dem ruhigen Garten geht es hinaus in die Natur, aus den ruhigen Vormittagsstunden wechseln Sie in die belebteren Nachmittagszeiten, aus der Natur mit vereinzelten Begegnungssituationen diverser Art (Spaziergänger, Jogger, Radfahrer), bei welchen der Hund immer mal wieder an den Wegrand geführt und der Fuß auf die Leine gestellt wird, geht es in die Stadt. Dort herrscht mehr Trubel und das Ruhesignal ist auch hier sehr wichtig.

Gruppen-Übung 1: Wenn Sie mit Ihrem Welpen in eine Welpengruppe gehen, so können Sie das Ruhesignal »Fuß-auf-die-Leine« wunderbar auch dort üben! Zu Beginn, solange der Trainer noch etwas erklärt, zwischen Übungen, vor dem Ableinen und Freigeben, immer eine Sequenz »Fuß-auf-die-Leine« und eine neue Aktion aus einer Ruheposition heraus beginnen, dann aber natürlich mit einem Freigabesignal!

Gruppen-Übung 2: Mehrere Mensch-Welpe-Teams stehen im Abstand zueinander in einer Reihe, alle Menschen haben den Fuß auf der Leine des Hundekindes. Anfangs in größerem Abstand zu der Reihe läuft ein anderes Mensch-Welpe-Team in einer Folge- oder Lockere-Leine-Übung, absolviert eine kleine Ranruf-Übung oder ist aktiv in einem Objektspiel. Verstehen und akzeptieren die wartenden Welpen das Fuß-auf-der-Leine-Signal, werden sie immer wieder dafür gelobt und bestätigt.

Bitte anfangs größere Distanzen und kurze Übungseinheiten mit anschließender Freigabe zu auflockerndem Tun!

Gruppen-Übung 3: Die Welpen sind angeleint an etwas längeren Leinen (z. B. Zwei-Meter-Führleinen). Die Menschen gehen jeweils mit ihrem Welpen ein Stückchen auseinander, damit die Hunde sich einfacher konzentrieren können. Wer wartet, stellt den Fuß auf die Leine.

Ein Team beginnt: Mit der Anweisung »Such« wird dem Welpen in unmittelbarer Nähe ein Futterbröckchen hingeworfen, welches er nehmen und fressen darf. Sobald er gefressen hat, kommt wieder das »Such« und ein Futterbröckchen wird in die Nähe des Hundes geworfen. Angestrebte Steigerung ist, dass der Welpe über dieses Suchspiel von seinem Menschen an den anderen Welpen vorbeigeführt werden kann, ohne dass der Welpe zu seinen Artgenossen läuft. Gleichzeitig sollten die wartenden Hunde in einer ruhigen Position abwarten. Deshalb bitte anfangs die Abstände groß genug halten!

Wer nicht möchte, dass sein Welpe etwas vom Boden aufnimmt und frisst, könnte ein Futterbröckchen in einer kleinen Dose abstellen oder auf ein kleines Filz- oder Stoffquadrat legen. In diesem Fall lässt sich auch bereits mit dem Welpen Folgendes trainieren: Aus der Dose bzw. von dem Filz/Stoff = JA, daneben, davor, dahinter = NEIN! Eine weitere sehr gute Variante bietet der Einsatz eines kleinen Sniffpads, eines Sniffstars, einer Sniffroll oder einem Knötli (alles *Knauders Best, www.knaudersbest.com*), was der Hundehalter in der Hand halten oder vor den Füßen ablegen könnte.

Steigerung:

- Abstände verringern. Aber bitte vorsichtig und langsam die Anforderungen steigern!
- Mehrere Mensch-Welpe-Teams sind in Aktion.

Futter vom Tellerchen ist erlaubt, was daneben liegt nicht. Eine gute und sinnvolle Alltagsübung.

Welpe und Lernverhalten

Wie ein Welpe lernt

Nicht selten landen Hundehalter mit pubertierenden und/oder erwachsenen Hunden in den Sprechstunden von Verhaltensberatern oder Hundetrainern, weil der Hund zum »Problemfall« mutiert. In der Regel zeigt der Hund kein eigentliches Problemhund-Verhalten, sondern legen bestimmte Verhaltensweisen an den Tag, die vom Halter als problematisch in Zusammenhang mit der eigenen häuslichen Umgebung oder dem Umgang mit dem Hund im Alltag empfunden werden. Im Grunde sind es Hunde, die Ungehorsam zeigen, keine Grenzen und Regeln kennen und für sich selbst ein durchaus lustiges, unkontrolliertes Leben führen. Wir bezeichnen solche Hunde gern als »Düdelü-Hunde«, da sie, wenn sie es könnten, sicherlich den ganzen Tag fröhlich vor sich hinpfeifen würden und sich köstlich über die verzweifelten Versuche ihrer Menschen amüsieren, sich auch nur halbwegs in Entscheidungssituationen durchzusetzen und die Richtung anzugeben. Aber manchmal zeigen sich diese Hunde dann doch auch mal kooperativ und befolgen Anweisungen – wenn sie gerade nichts Besseres zu tun haben!

Die Wurzeln dieser Probleme liegen zumeist bereits im Welpenalter der Hunde. Solange der Welpe klein, niedlich und putzig war, durfte er alles und sorgte mit seinen diversen Eskapaden sogar für allgemeine Erheiterung. Einen so kleinen Racker kann man doch noch nicht schimpfen und reglementieren! Oder etwa doch?

Um zu verstehen, wie einem Welpen die Grenzen vermittelt werden können, innerhalb derer er sich bewegen darf, ist es nötig, sich ein wenig mit dem Lernverhalten von Hunden auseinanderzusetzen.

Wir möchten Ihnen nachfolgend einige wesentliche und elementare Basisinformationen geben, die für Sie im Umgang mit Ihrem Welpen von Interesse sind.

Allgemein bedeutet »Lernen« für alle Lebewesen das Gleiche: Den Erwerb von körperlichen, geistigen, aber auch sozialen Fähigkeiten und Fertigkeiten, um sich den Anforderungen des täglichen Lebens zu stellen bzw. ihnen gewachsen zu sein. Lernen befähigt das Individuum u. a. dazu, sinnvoll zu handeln, eigenes Verhalten an bestimmte Situationen anzupassen, individuelle Interessen durchzusetzen und Problemstellungen im eigenen Sinne zu lösen. Das trifft auch auf unsere Hunde zu! Hierbei ist von großer Bedeutung, dass Hunde (wie auch Menschen zu circa 70 %) zu einem großen Anteil »beiläufig« lernen, also nicht bewusst lernen, um des Lernens willen, sondern anhand von Aktion und Reaktion.

Wieder ein Beispiel aus unserer menschlichen Welt: Sie fahren nach Spanien in den Urlaub, sprechen aber kein Wort Spanisch und treffen auch niemanden, der ihre Sprache versteht.

Wird es zu doll, macht das Gegenüber das unmissverständlich klar.

Es ist heiß und Sie möchten an den Strand zum Schwimmen. Aber wo ist der Strand und wie kommen Sie dort hin?
Mit entsprechenden Gesten und Handzeichen auf Badehose, Schwimmreifen und Kokosmatte unter Ihrem Arm sprechen Sie einen einheimischen Passanten an. Dieser kombiniert, versteht, ruft: »Ah, Playa!« und weist Ihnen die Richtung. Ohne Wörterbuch, Sprachkurs und Stadtplan sind Sie ans Ziel gekommen, Sie wissen zukünftig, dass »playa« der Strand ist und wie Sie dort hingelangen.
Da Sie dies aufgrund von Informationen gelernt haben, wird diese Form des Lernens auch als informelles (inzidentielles) Lernen bezeichnet. In der Humanpsychologie wird der Begriff des implizierten Lernens benutzt, der ein unbewusstes, spielerisches Lernen als Form der Aneignung bestimmter Fähigkeiten und Fertigkeiten bezeichnet.
Was hat das mit unserem Welpen zu tun? Sehr viel! Der Welpe lernt aktiv, wie passiv. Er lernt, wenn ich das oder das tue, geschieht das oder das (aktiv). Und er lernt, wenn das oder das passiert, geschieht das oder das mit mir (passiv). Und diese Formen des Lernens erfolgen Stunde um Stunde, Tag für Tag. Somit ist deutlich, dass alles was mit dem Hundekind und um es herum geschieht, einen Lerneffekt ausübt – positiv wie negativ.

Hier ist wichtig zu erwähnen, dass Hunde nur jeweils die direkten Folgen und Reaktionen mit der vorangegangenen Situation in Zusammenhang bringen. Deshalb muss der Mensch das bestimmte Verhalten des Hundes unmittelbar, am besten innerhalb einer Sekunde, bestätigen oder korrigieren!

Beispiele zur Verdeutlichung:

Stubenreinheit

Sie bemerken, dass Ihr Welpe sich gerade gezielt positioniert, um sein großes oder kleines Geschäft auf den echten Perser zu setzen. Ein: »Warte, bis ich mir die Schuhe angezogen habe und Dich rausbringe!« können Sie sich getrost sparen, er wird mit der Verrichtung schneller sein und Ihre nachträgliche Aufregung nicht verstehen.

Lernerfolg gleich Null, zumindest für den Hund! Allerdings dürften **Sie** gelernt haben, dass Ihr Verhalten zu dieser Situation nicht passt, was ein Beispiel für informelles Lernen wäre!
Erschrecken Sie aber den Welpen, bevor der erste oder zweite Tropfen auf dem Teppich landet, klatschen z. B. in die Hände und rufen laut und bestimmt: »Nein!«, nehmen den Hund schnell auf den Arm, setzen ihn im Garten auf die Wiese und loben ihn mit freundlicher Stimme und Leckerchen, wenn er sich draußen entleert hat, so lernt er aufgrund Ihres unterschiedlichen Verhaltens (drinnen donnerndes »Nein«, draußen lieb-flötendes »Braaaaaaaav!« und Leckerchen), was von ihm erwartet und erwünscht wird.

Und bedenken Sie bitte: Ein Welpe muss auch in der Nacht noch ein- bis zweimal nach draußen! Und sicherlich nimmt er dabei nicht auf Ihre schlaftrunkenen Aufmerksamkeitsdefizite Rücksicht. Daher wären auch gerade für das nächtliche Stubenreinheits-Training eine Art »Laufstall« oder die Hundebox, an welche der Welpe aber gewöhnt werden muss, eine gute Hilfe! Zusätzlich bietet eine Box Sicherheit beim Transport des Hundes! Sie erweist auch gute Dienste, wenn der Vierbeiner mit in den Urlaub fährt und sein »trautes Heim« in Form der Box mitnehmen kann (s. u. »Wichtig«!).

Finden Sie eine Pfütze oder den wohlduftenden Haufen im Haus, dann verzichten Sie auf jegliche Korrekturmaßnahmen des Hundes. Das Malheur ist geschehen und der Hund würde Ihre Aufregung darüber nicht als Disziplinierung verstehen, sondern im Zweifelsfalle als Begeisterungssturm. Somit ist natürlich auch verständlich, warum er sich darum bemüht, Ihnen diesen »Spaß« bei nächster Gelegenheit wieder zu gönnen und erneut seine Notdurft im Haus verrichtet. Denken Sie an die Ausführungen zum Lernverhalten! Hat der Welpe sich im Haus entleert, war nicht er »ungezogen«, sondern Sie waren unachtsam. Nach dem Fressen, nach dem Schlafen und häufig auch während des Spielens überkommt den Kleinen der noch nicht zurückhaltbare Drang. Daher ist Ihr wachsames Auge gefordert und der gezielte Zugriff im entscheidenden Augenblick notwendig, um den Hund an die erlaubte Toilettenstelle außerhalb des Hauses zu führen. Je sorgfältiger Ihre Beobachtung in den ersten Tagen, desto schneller ist der Welpe stubenrein und wird eventuell auch von selber signalisieren, dass er jetzt gerade unbedingt an diese Stelle draußen gehen muss. Häufig ist zu hören: »Der weiß gaaaanz genau, was er gemacht hat! Der kommt schon mit einem schlechten Gewissen um die Ecke!« Auch wenn Sie felsenfest von dieser Meinung überzeugt sind, es ist nicht so! Der Welpe weiß weder, was er in Ihren Augen falsch gemacht hat, noch scharwenzelt er aus schlechtem Gewissen heraus um Sie herum. Warum verhält er sich dann so? Ganz einfach: Er reagiert auf Ihre körpersprachlichen Signale, die Sie ihm senden, wenn Sie beim Anblick des Malheurs innerlich grollend im Raume stehen und nichts Gutes verheißen. Nicht mehr und nicht weniger! Nochmal: Hunde sind unerreichte Meister im Entschlüsseln unserer menschlichen Körpersignale!

Eine Anmerkung am Rande: Kot und Urin sind nicht nur körperliche Ausscheidungen, sondern auch Mittel der Kommunikation unter Hunden. Aus diesem Grund ist es vielen jungen Hunden sehr unangenehm bis unmöglich, sich an unbekannten und/oder ihrer Einschätzung nach unsicheren Orten zu entleeren. Setzen sie doch damit für alle anderen Artgenossen der Umgebung den Hinweis: »Hier gibt es mich jetzt auch noch!«

Sich zu lösen bedeutet auch Kommunikation. Nicht jeder Welpe besitzt früh die mentale Stärke ein »Hier bin jetzt ich!« hinauszuposaunen und verrichtet seine Geschäfte (noch!) lieber im engeren Umfeld.

Wichtig: In Bezug auf Box, Welpenauslauf und Co. gilt es, die Vorschriften des Tierschutzgesetzes und der Tierschutz-Hundeverordnung zu beachten! Nach § 2 des deutschen Tierschutzgesetzes (TierSchG) sind vom Menschen gehaltene Tiere »verhaltensgerecht« unterzubringen. Was das konkret bezogen auf den Hund bedeutet, regelt die Tierschutz-Hundeverordnung (TierSchHuV). Zwinger und Räume bzw. Raumeinheiten, in denen Hunde untergebracht sind, die aber nicht für den menschlichen Aufenthalt gedacht sind, müssen eine »uneingeschränkt nutzbare Bodenfläche von mindestens 6 bis 10 qm (je nach Schulterhöhe des Hundes) aufweisen«. (§§ 5 und 6 TierSchHuV)! Die Unterbringung auf einer kleineren Fläche, also z. B. in einer Box, ist ausschließlich für den Transport, im Rahmen einer tierärztlichen Behandlung und bei einer Haltung zu Versuchszwecken im Sinne des § 7 Absatz 2 des Tierschutzgesetzes erlaubt!

Es gibt einige Studien zu den Auswirkungen der Platzeinschränkung bei der Unterbringung von Hunden und auch bereits einige Gerichtsurteile zum Thema. Die Unterbringung in einer verschlossenen Box ohne Vorlage von mindestens einem der oben genannten Gründe ist maximal bis zu einer Dauer von 30 Minuten zu rechtfertigen, ansonsten stellt es nach zur Zeit gültigem Rechtsverständnis einen Verstoß dar! Wohlgemerkt, es geht um die verschlossene Box! Eine offenstehende Box, in die der Hund nach eigener Lust und Laune rein und raus kann, ist natürlich unbedenklich.
(Stand Frühjahr 2023)

Gerade sehr junge Hunde ziehen es häufig vor, nur in ihnen wohl vertrautem Terrain ihre Geschäfte zu verrichten, sei dies der heimische Garten – oder eben auch anfangs das Haus. Dies wird sich aber mit zunehmendem Alter und heranwachsendem Selbstbewusstsein ändern, so dass man keine Bedenken haben muss, wenn der Welpe anfangs in den Garten geht, um sich dort zu entleeren. Sobald er älter ist, wird er den Garten als sein Revier betrachten, das er weitestgehend sauber hält und nur noch in äußerster Not verunreinigt.

Sachen stehlen

Ein beliebtes Welpen-Betätigungsfeld ist das Aufnehmen von Sachen, die an sich für ihn verboten sind (Brillenetui, Handy, Fernbedienung usw.), was er aber erstmal ja nicht ahnen kann. Der Unterschied zwischen dem auf dem Boden liegenden (erlaubten!) Spielzeug und der auf dem niedrigen Couchtisch liegenden TV-Fernbedienung (verboten!) hat sich ihm noch nicht erschlossen. So verläuft die Geschichte auch in fast jedem Haushalt mit Welpen ähnlich: Er hat etwas geklaut und der Mensch jagt ihm nun durch das ganze Haus hinterher, um es ihm wieder abzuluchsen. Super Beschäftigungsspiel (für den Hund!)! Lernerfolg: Zeig dem Menschen, dass Du etwas hast, und er läuft Dir (zumeist chancenlos) hinterher!

Wie hätten Sie die Situation besser, sprich für den Hund verständlicher lösen können?
Schauen wir uns zwei Varianten an:

Durch Begeisterung!

Offeriert Ihr kleiner Gauner Ihnen seine jüngste Beute, dann zeigen Sie sich überaus erfreut und begeistert! Die Wahrscheinlichkeit ist groß, dass

der »Dieb« sich Ihnen annähert und es Ihnen möglich macht, ihm einen Tauschhandel anzubieten. Ein Stück Käse gegen die Gucci-Brille oder ein Stückchen Wurst gegen die Fernbedienung oder ein lustiges Zergelspiel mit einem Spieltau für das Herausgeben des gefundenen Sockens. Lernt der Hund, dass es sich für ihn lohnt und sogar Spaß betont ist, Ihnen etwas zu bringen und anzubieten statt vor Ihnen davonzulaufen, um die Beute in Sicherheit zu bringen, haben Sie im Falle eines Falles auch bei gefährlichen Beutestücken (z. B. Glasscherbe, Batterie, Giftköder) eine größere Chance, dass der Vierbeiner Ihnen freudig und problemlos seinen »Schatz« bringt und abgibt. (siehe auch Ausführungen zum Tabuwort »Aus«, Seite 39)
Haben Sie Probleme, dass der Hund zu schnell vor Ihnen wegläuft und Sie sich gar nicht begeistert zeigen können, so legen Sie zu Übungszwecken dem Welpen eine längere Hausleine (z. B. eine Schleppleine ohne Handschlaufe, damit der Hund nirgendwo hängen bleibt) an.
Der Welpe wird verblüfft sein über ihre außergewöhnlichen Fähigkeiten, ihn sogar aus größerer Entfernung stoppen und korrigieren zu können!

Durch Nichtbeachtung!
Erzielt der Welpe mit seinem Verhalten keinerlei Reaktion, vor allem keinerlei Beachtung, so wird diese Maßnahme eher als uninteressant und nicht fortsetzungswürdig bewertet werden.

Welpen können alles gebrauchen und unterscheiden nicht Mein und Dein. Wichtig ist nach einer Korrektur, dass das Miteinander wieder ruhig, entspannt und liebevoll ist.

Gut zu wissen

1. Das Ignorieren der Missetat wird sicherlich nicht nach einmaliger Anwendung sogleich zum angestrebten Ziel führen! Vielleicht haben Sie es gerade nicht gesehen, ist es Ihnen momentan egal oder was auch immer – könnte der Welpe denken. Seien Sie mindestens so hartnäckig mit dem Ignorieren, wie der Welpe es mit dem Zeigen unerwünschter Verhaltensweisen sein kann – so die Situation das Ignorieren zulässt, was beim systematischen Herunterreißen der Tapeten sicherlich nicht der Fall wäre! Hier muss über ein Abbruchsignal dem Übermut des Welpen eine Grenze gesetzt werden.

2. Räumen Sie vorsichtshalber wertvolle Dinge weg und deponieren Sie sie außerhalb der Reichweite des Welpen! Je weniger »Verführungen« er hat, desto weniger brenzlige Situationen gibt es. Sind Ihnen das seidengestickte Kissen der Oma oder die wertvolle Vase aus der Ming-Dynastie wichtig, so legen Sie diese Gegenstände für die nächsten Wochen gut verwahrt in den Schrank (Ausnahme wäre natürlich, die Sachen haben Ihnen noch nie gefallen und Sie sehen nun eine günstige Möglichkeit gekommen, sich von diesen elegant zu befreien!). Auch Kinder lernen erfahrungsgemäß durch die Anwesenheit des jungen Hundes sehr schnell, den Boden ihres Zimmers relativ aufgeräumt zu halten oder sinnvollerweise die Tür zum Kinderzimmer zu verschließen und den Welpen auszusperren. Erkundungsverhalten eines Hundekindes macht nun einmal auch nicht vor Spielzeug halt, stellt aber zusätzlich zu dem eventuellen Formverlust des Spielzeugs auch eine nicht zu unterschätzende Gesundheitsgefährdung für den kleinen Vierbeiner dar!

3. Nichtbeachtung als Reaktion auf unerwünschtes Verhalten ist der erste Lösungsansatz für die Anleitung eines **Welpen**. Wir sprechen hier nicht von einem Junghund oder womöglich von einem erwachsenen Vertreter, nicht dass das falsch verstanden wird! Sie können definitiv nicht einem Jogger, bei dem sich Ihr einjähriger Hund in der Wade verbissen hat, erklären, dass Ihr Hund sein Erkundungsverhalten auslebt und Sie ihm durch Nichtbeachtung demonstrieren, wie unerwünscht sein Verhalten ist.

Aufräumen wird zum Muss, wenn ein Welpe mit im Haus ist!

Sehr beliebt bei Welpen, aber unerwünscht und nicht zu dulden.

Kleidung zerren

Besonders beliebt bei Welpen ist es, in Hosenbeine, Jackenärmel oder sonstiges zu beißen und daran zu zerren. Zumeist erfolgt ein »Das darfst Du nicht, lass‘ los, geh‘ weg!« bei gleichzeitigem Gezappel des Beins bzw. Arms. Ein tolles Spiel, denkt der Hund. Warum hört der nicht auf, obwohl ich es ihm sage, fragt sich der Mensch. Ganz einfach: Weil der Hund nicht versteht, was Sie ihm mit Ihrem Gerede vermitteln wollen! Er merkt nur, dass er mit Ihnen (oder Ihren Kindern!) auf diese Art und Weise prima in Kontakt kommt und alle in ein wunderbares Spiel verwickeln kann.

Um dem Hund Zerren und Beißen abzugewöhnen, wäre der erste Lösungsansatz die Einführung eines gezielten Abbruchsignals (siehe Abschnitt »Korrektur/Abbruch«, Seite 42). Und selbstverständlich dürfen – und müssen! – Sie den Jungspund hundgerecht und hundeverständlich reglementieren, wenn mit ihm die sprichwörtlichen Pferde durchgehen. »Begrenzendes Verhalten ist Usus unter Wölfen und Haushunden und anderen Säugetieren, die in sozialen Gruppen leben. (...) Es hat nichts mit Brutalität oder Kontrollverlust des Menschen zu tun, wenn dieser den an seinem Arm oder an der Hose beißschüttelnden Welpen zur Seite schiebt, „Nein“ sagt und geht.« (Feddersen-Petersen, 2008)

Unmittelbar nach der Korrektur muss aber eine erlaubte Alternative angeboten werden, z. B. das zum Ziehen und Zerren angebotene Spieltau. Der Welpe muss lernen können, was er darf und was nicht! Bedenken Sie, Ihr Hund lernt ja am Erfolg oder Misserfolg seiner Handlung.

Lästiges Anspringen

Die Angewohnheit des Anspringens ist für Hunde erstmal völlig normal! Diese Verhaltensweise ist abgeleitet vom Lefzen lecken, welches der demütige, unterwürfige Hund dem souveränen Althund gegenüber demonstriert. Somit ist diese Geste eigentlich eine sehr respektvolle, kommunikative Haltung des Hundes, die nur leider beim Menschen so nicht ankommt und als solches verstanden wird. Und es ist ja auch richtig, dass ein Anspringen, aus welchem Grund auch immer, dem Welpen – und erst recht dem erwachsenen Hund – nicht durchgelassen werden kann. Schnell ist dabei etwas passiert, ein Kind oder eine ältere Person gestürzt. Doch stellt eine »Strafe« für dies Verhalten beim Welpen nicht die geeignete Maßnahme dar. Er muss ja erstmal Gelegenheit bekommen zu lernen, dass das, was unter seinesgleichen korrekt und erwartet wird, nicht korrekt und beliebt im Kontakt mit seinem Menschen ist!

Deshalb schaffen Sie ihm die Möglichkeit zum Umlernen.

Übung 1: Wenn der Welpe kommt, hocken Sie sich schnell hin und empfangen den Kleinen auf »unterer Ebene«, so dass ein Springen vermieden wird, weil es gar nicht nötig ist.

Übung 2: Ignorieren Sie Ihren springenden Welpen, bis er brav sitzt, bevor Sie sich ihm widmen. Das hilft aber nur bei der eigenen Person, nicht bei Fremden.
Das ruhige Abwarten als Alternative zum Anspringen und Herumhopsen lässt sich auch gut mit der Futterschüssel üben. Der Hund hat ein Ziel > er will ans Futter! Deshalb beugen Sie sich mit der Schüssel in der Hand nur langsam gen Boden, solange der Welpe sitzt. Steht er auf, richten Sie sich kommentarlos wieder auf, die Schüssel wird unerreichbarer. Setzt der Knirps sich wieder hin, beugen Sie sich wieder herab, die Schüssel kommt näher. Schafft er es, sich so lange zu beherrschen, bis die Schüssel am Boden ist, wird ihm das Futter schnell erlaubt. So lernt er leicht Konsequenzen aus seinem eigenen Verhalten und merkt, was ihm das Ziel näher bringt – und was eben nicht. Mit der Zeit kann die Spanne bis zum Erlauben der Schüssel gesteigert werden, aber Geduld, noch ist der Hund jung und darf lernen (können!). Statt mit Futter lässt sich natürlich auch gut mit einem Spielzeug üben!

Übung 3: Hüpft der Welpe an Ihnen hoch, so schieben sie ihn – nicht brutal, aber energisch! – auf den Boden zurück und sagen ihm deutlich: »Runter!«. Sobald der Welpe unten ist, wird er gelobt und darf auch gern ein Leckerchen erhalten. Auf diese Weise lässt sich später mit der Anweisung »Runter« auch vermeiden, dass der Hund Fremde anspringt.

Es ist sinnvoll, in dieses »Anti-Hüpf-Training« auch Verwandte und Bekannte mit einzubeziehen. Doch ist es unbedingt notwendig, dass diese genau das Gleiche machen wie oben beschrieben.

Die Zulassung von Kontakt an der Leine birgt immer Risiken. Deshalb besser nicht.

Begegnungen mit anderen Hunden

Grundsätzlich sollte Ihr Welpe lernen, dass ihm angeleint keine direkte Begegnung mit anderen angeleinten Hunden erlaubt wird. Dies geschieht auch zum Schutz des Welpen selber, denn manch ein Hund reagiert an der Leine abweisend und abwehrend. Noch immer geistert in vielen Köpfen der Irrglauben, es gäbe so etwas wie pauschalen Welpenschutz. Welpenschutz gibt es aber nur in der eigenen »Familie«, in der eigenen sozialen Gruppe. Außerhalb dieser Gemeinschaft wird der Welpe nicht grundsätzlich freundlich und herzlich aufgenommen! Häufig zeigen sich gut sozialisierte Rüden duldsamer und gelassener Welpen gegenüber als erwachsene Hündinnen. Im schlimmsten Fall kann es sogar vorkommen, dass eine Hündin einen Welpen ernsthaft beißt und zu verletzten versucht. Diese Hündin demonstriert damit nicht eine Verhaltensstörung im Sinne von Aggressivität gegen Artgenossen, sondern sie handelt womöglich aus einem biologischen

Sachverhalt heraus. Sie erkennt im fremden Welpen fremdes Genmaterial, welches sie als zu eliminierende Konkurrenz für potentielle eigene Nachkommen bewerten könnte. Gerade um den Zeitpunkt einer einsetzenden oder gerade erfolgten Läufigkeit wirken sich bestimmte hormonelle Vorgänge aus, die ein – auch massives – Abwehrverhalten leicht erklären lassen!

Bedenken wir auch an dieser Stelle die Ausführungen zum passiven Lernen: Wird der Welpe an der Leine von anderen Hunden gebissen, so wird sich in ihm leicht die Furcht vor anderen Hunden festsetzen und seine zukünftigen Reaktionen auf Artgenossen werden nicht von Begeisterung zeugen. Außerdem lernt der Welpe leichter und schneller, dass die Leine die direkte Verbindung zum Menschen darstellt und ihm die anderen Hunde drumherum – da eh' nicht erreichbar und somit keine etwaigen Spielgefährten – egal sein können.

Begegnungen mit Menschen

Wir haben bereits darüber gesprochen, dass es bei gut verlaufener Sozialisation welpentypisch ist, sich allen erwachsenen Lebewesen freundlich, offen und respektvoll zu nähern. Sequenzen aus dem Futterbettelverhalten, Demutsgesten und Signale der Unterwürfigkeit werden gezeigt, um für sich selbst »schönes Wetter« zu machen. So ist es auch verständlich, erfreulich und förderungswürdig, wenn Welpen vor Freude strahlend auf fremde Menschen zulaufen. Mancher Hundebesitzer hat damit ein Problem, wertet er dieses Verhalten seines Hundekindes doch als »treulos« und »verräterisch«! Keine Angst, ein selektives Annähern an Fremdpersonen erfolgt in einem späteren Alter von allein, für den Welpen ist diese Freude über alles und jeden normal und wünschenswert. Begegnen Sie also Hundefreunden, die ganz verzückt von dem kleinen Knirps an Ihrer Seite sind, lassen Sie die gegenseitige Kontaktaufnahme ruhigen Gewissens, aber kontrolliert zu. Sagen Sie den kontaktfreudigen Mitmenschen, wie Ihr Hund heißt und bitten Sie, sich doch in die Hocke zu begeben und den Hund freundlich anzusprechen. Alternativ kann der Welpe auch von Ihnen auf den Arm genommen werden, damit die Begrüßungstätschelei nicht von oben herab auf das Hundekind erfolgt und dieses womöglich verschreckt. Kommt der angesprochene Welpe von selbst vorgelaufen, so kann er Streicheleinheiten genießen. Zieht er es vor, das Kontaktangebot erstmal nicht anzunehmen, so zwingen

Hier ist deutlich zu sehen, dass dem Welpen der aufgedrängte Kontakt unangenehm ist, und er sich der Situation lieber entziehen möchte.

Sie ihn auch nicht dazu! Ist er auf Ihrem Arm und zeigt an, dass er sich in dieser Situation nicht wohl fühlt und dem Kontakt auszuweichen versucht, so bitten Sie den fremden Hundefreund um Verständnis, dass er Ihr Hundekind eben heute nicht anfassen soll. Hier gilt es für Sie, Ihrem Hundekind den nötigen Schutz zu bieten, wenn es sich den möglichen Begeisterungsstürmen nicht gewachsen fühlt.

Vor allem im Kontakt mit kleinen Kindern ist es notwendig, ein wachsames Auge auf das Geschehen zu halten. Kinder neigen dazu, im Überschwang der Gefühle den Hund zu fest zu drücken, ihm an Rute, Ohren oder Fell zu zupfen oder ihm die kleinen Fingerchen in die Nase oder die Augen zu stecken. Macht der Welpe mit den kleinen zweibeinigen Erdenbürgern schlechte Erfahrung, so wird er sich das merken und zukünftig nicht mehr sehr begeistert auf diese reagieren! Deshalb muss der Kontakt von Hund und Kindern (auch den eigenen!) immer unter der Aufsicht von Erwachsenen erfolgen!

Kinder sollten im Umgang mit Hunden stets beobachtet werden. Ein »Zuviel an Liebe« kann auch schnell mal problematisch werden.

Tabu-Worte wie »Nein«, »Aus«, »Pfui« oder »Lass' es« etablieren

Wie schon bei den Ausführungen zum Spiel- und zum Lernverhalten beschrieben, bestimmen Sie als »Eltern«, sprich als »Führungskräfte«, was für den Welpen erlaubt und was verboten ist. Dabei gibt es situative Verbote (Jetzt beanspruche ich das Spielzeug für mich, später ist es mir egal und du kannst es haben!) und grundsätzlich verbotene Dinge. Es ist unumgänglich, dem Hundekind Tabu-Begriffe zu vermitteln, welche Worte auch immer Sie dafür wählen.

Es ist ausgesprochen wichtig für den Welpen, Frustration zu erleben und damit umzugehen zu lernen. Auch in der Interaktion mit Mutter, Alttieren und Geschwistern erfährt er frustrierende Situationen, so ist es weder neu für den Kleinen, noch schädlich oder Ihrer Beziehung zu ihm abträglich, wenn Sie ihm Grenzen setzen und z. B. mit einem ruhigen, klaren »Nein« nicht alle Aktionen durchgehen lassen.

Sinnvollerweise muss auf die unterschiedliche Bedeutung der Worte »Aus« und »Nein« hingewiesen werden. Danach wählen Sie das »Aus« für diejenigen Situationen, in denen der Welpe etwas in der Schnauze hat, was er hergeben soll. »Nein«, »Pfui«, »Lass' es«, »Schluss jetzt« oder auch »Feierabend« wird eingesetzt, wenn der Hund ein bestimmtes Verhalten abbrechen soll.

Tabu-Worte zu etablieren ist unerlässlich. Auch, wenn der Blick in solche Augen eher zum Schmunzeln verleitet, lacht später niemand mehr, wenn der Hund sich mit völliger Selbstverständlichkeit z. B. an der frisch eingedeckten Kaffeetafel selber bedient.

Möglicher Übungsaufbau »Nein«

Sie setzen sich zum Welpen auf den Boden und nehmen sich einen Futterbrocken in die geöffnete Hand. Will der Welpe den Brocken nehmen, sagen Sie ihm »Nein« und schließen gleichzeitig die Hand zur Faust. Nach einer kurzen Weile öffnen Sie die Hand wieder. Will der Welpe erneut an den Futterbrocken, Hand schließen und gleichzeitig »Nein«. Nur wenige Wiederholungen sind in der Regel nötig und der Hund hat verstanden. Nun öffnen Sie die Hand und bieten dem Hund den Futterbrocken mit »Nimm's«. Bald wird er geduldig vor der geöffneten Hand warten, wenn Sie ihm »Nein« gesagt haben, bis Ihr erlaubendes »Nimm's« kommt und er den Futterbrocken fressen darf.

Klappt diese Abfolge gut, so können Sie die Anforderung steigern und den Futterbrocken mit »Nein« auf den Boden legen. Seien Sie aber achtsam und im Zweifelsfalle schnell, denn reagiert der Welpe nicht auf Ihr »Nein«, so müssen Sie die Hand über den Futterbrocken legen können, bevor der Welpe ihn erwischt. Erst mit Ihrem »Nimm's« darf er sich den Futterbrocken nehmen. Vergleichbaren Aufbau können Sie auch mit einem Lieblingsspielzeug üben, aber in kleinen, kurzen, welpengerechten Trainingsschritten! Konsequent und geduldig geübt, sollte das »Nein« nach einiger Zeit auch in Alltagssituationen funktionieren, z. B. wenn der Welpe von der Straße etwas aufnehmen will oder Sie ihm regelrecht ansehen, dass er gerade im Begriff ist, eine Dummheit zu planen.

»Aus«

Im Alltag kommt es immer wieder vor, dass der Welpe etwas im Fang hat, was er nicht haben kann oder darf und was er hergeben muss. Die Notwendigkeit dafür ist vom Welpen nicht unbedingt einzusehen und so wird er auch nicht automatisch kooperativ und bereitwillig auf seinen »Besitz« verzichten wollen, nur weil Sie ihm gerade »Aus« entgegenschmettern (siehe auch Abschnitt »Sachen stehlen«, Seite 32). Er muss lernen, seine Handlung »Ich gebe es ab« mit Ihrem »Aus« in Verbindung zu bringen, und er sollte nach dem Ausgeben nicht als »der Gelackmeierte« dastehen, der abgibt und leer ausgeht. Daher empfiehlt es sich, das Herausgeben auf Anweisung als Tauschhandel zu üben:

Während der Welpe etwas im Maul hat, bieten Sie ihm alternativ Futter oder ein Spielzeug an. In dem Augenblick, in dem der Welpe sein Maul öffnet und den »Besitz« fallen lässt, sagen Sie ruhig und deutlich »Aus« und reichen ihm die Alternative. Er lernt: Ich gebe zwar etwas ab, erhalte aber etwas anderes dafür. Dieser Tauschhandel ist auch aus dem Grunde wichtig, weil Hunde untereinander durchaus so etwas wie eine Art Besitzstandswahrung kennen > Habe ich erstmal etwas im Maul, dann darf ich es auch behalten! Gansloßer weist ausdrücklich auf Beschreibungen von Peters und Mech hin, die wild lebende Hundeartige beobachtet haben und feststellten, dass »ein Wolf, der einen Futterbrocken in der Schnauze hat, beziehungsweise diesen in einer Schutzzone von circa 30 cm vor der Nasenspitze findet und wegtragen kann, (...) diesen Futterbrocken auch behalten (darf) und (...) ihn nicht an einen Ranghohen abgeben (muss)«. Daher rät Gansloßer zu Recht: »Es ist keineswegs eine sinnvolle Dominanz- oder Unterordnungsübung, wenn man den Hund zwingt, einem sofort und ohne Widerspruch alles Futter oder andere Dinge abzugeben, die er gerade in der Schnauze trägt. (...) Die Abgabe von Dingen sollte als Beziehungsqualität und als kooperative Tauschhandelsgeschichte geübt werden und nicht als Dominanzübung.«

Die Anweisung »Aus« lässt sich auch gut mit der Aufforderung »Guck' mal« (Seite 74) kombinieren: Hat der Welpe etwas im Maul, können Sie ihm mit »Guck' mal« auf Ihre angebotene Alternative aufmerksam machen und ihm den Tauschhandel anbieten.

Wie belohne ich erwünschte Verhaltensweisen und wie breche ich unerwünschte Verhaltensweisen ab?

Den Begriff der »Strafe« mögen wir im Umgang mit dem Hund gar nicht. Im Prinzip geht es überhaupt nicht um Strafen im eigentlichen Sinn, sondern um Korrekturen, Modifikationen und um Abbruchmöglichkeiten von unerwünschten Verhaltensweisen.

Grundsätzlich ist – mal wieder! – auf die Signalwirkung Ihrer eigenen Körpersprache auf den Hund hinzuweisen. Wenn Sie sich ein verkniffenes »Gut gemacht« gerade so abringen können, weil Ihr Hund etwas gut gemacht hat, Sie aber gerade die Stromnachzahlungsrechnung aus dem Briefkasten gefischt haben, so wird Ihr Hund Ihnen dieses »Lob« ebenso wenig glauben und ernst nehmen wie das »Du, Du, Du« mit gespielt böser Miene, wenn Ihr Welpe das Daunen-Inlett Ihres Oberbettes zerpflückt hat, aber dabei ach so niedlich mit den Federchen im Pelz ausschaut. Unterschätzen Sie nicht die kognitiven Fähigkeiten Ihres Vierbeiners! (Kognition bezeichnet die Gesamtheit aller Prozesse, die mit Wahrnehmung und Erkennung zu tun haben.)

Zweiter wichtiger Aspekt ist der korrekte Zeitpunkt: Sie können nur loben, modifizieren oder korrigieren im unmittelbaren zeitlichen Zusammenhang mit der vom Hund gezeigten Handlung! Innerhalb einer Sekunde sollten Sie lobend bestätigen, korrigierend einwirken oder hundeverständlich Verhalten abbrechen – das ist nicht viel Zeit!

Die außerordentlichen Mitteilungsfähigkeiten der Körpersprache und der Mimik werden zwischen Hunden eingesetzt, um klare Signale zu übermitteln. Hier ist deutlich zu sehen, was der gepeinigte Junghund von dem respektlosen Verhalten des knapp vier Monate alten Kangals hält! Und der Kangal versteht den Gesichtsausdruck und lässt augenblicklich los.

Loben/Bestätigen

Dies geschieht durchaus schon durch einen offenen, freundlichen Blick, ein wohlwollendes Lächeln, ruhiges Ansprechen des Hundes mit hoher Stimme mit »Fein«, »Brav«, »Prima« oder ähnlichem. Auch Begeisterungsgesten und zustimmendes Jauchzen können vom Hund als Gutheißung und Befürwortung seines Verhaltens verstanden werden. Natürlich kann auch mit einem Futterbrocken oder für besondere Leistungen mit einem besonderen Leckerbissen belohnt werden, aber auch mit einer tollen Spieleinlage oder einer Schmuserunde. Zum Streicheln des Hundes sei aber warnend angemerkt: Viele Hundehalter verleihen ihrem Herzen dadurch Ausdruck, dass sie den Welpen am Kopf, speziell in der Schnauzenregion tätscheln und kneten. Hunde sind aber gerade im Welpenalter oft sehr empfindlich in der Schnauzenregion, denn sie sind in der Zahnung und da können Ober- und Unterkiefer recht weh tun und schmerzen. Haben Sie Kinder? Dann denken Sie an das Gebrüll und die Unpässlichkeit in der Zeit, wenn die Zähne durchbrechen. Auch Hundekinder können Probleme mit dem Zahnwechsel haben. Sie meinen es gut, wenn Sie Ihren Hund liebevoll tätscheln, doch dieser verspürt Schmerz und wird versuchen, Ihrer Hand auszuweichen. Auch das immer wieder zu sehende »Von-oben-herab-auf-den-Kopf-Tätscheln« ist für die meisten Hunde, erst Recht für Welpen, unangenehm und wird von ihnen als bedrohlich interpretiert. Das führt dann leicht zu Fehlverknüpfungen und eine Scheu gegen die menschliche Hand, die auch das Anleinen verkomplizieren kann, da vor der Hand zurückgewichen wird.

Eine von oben kommende Hand wie auch das Tätscheln des Kopfes, sind für viele Hunde unangenehme Kontakte, denen sie zu entgehen versuchen. Hier sieht man beim Foxerl gut das Zurückweichen vor der Hand.

Und bedenken Sie bitte: Streicheln ist ein langsames, ruhiges, mit langgezogenen Bewegungen versehenes Tun – und kein hektisch rubbelndes Kratzen!

Unterschiedliche Hundetypen sprechen auf unterschiedliche Bestätigungs- und Belohnungsstrategien verschieden an. Finden Sie heraus, womit Sie Ihrem Hund Ihre Begeisterung über sein tolles Verhalten demonstrieren können und bei ihm die Motivation wecken, sich zukünftig öfter bis immer in der gewünschten Art und Weise zu benehmen.
Grundsätzlich sollte aber bei Anleitung und Lob das fröhlich-liebevolle Miteinander einen deutlich höheren Stellenwert haben als das Stückchen Fleischwurst oder Käse. Sie als Mensch und die Beziehung zueinander sind einzigartig, Futter kann jeder x-beliebige dem Hundekumpel offerieren! Aber manchmal ist der Einsatz von Futterbestätigungen eben eine leichte, schnelle und vom Hund gern genommene Maßnahme, um ihm die eine oder andere Aktion im wahrsten Sinne des Wortes schmackhaft zu machen!

Korrigieren/Abbrechen

Bei diesem Thema finden wir in Hunden die besten Lehrmeister. Menschen bringen es oft nur schwer übers Herz, den Hund, vor allem den Welpen, hundeverständlich und situativ richtig zu maßregeln. Hunde untereinander sind da wesentlich klarer und deutlicher – und dadurch effektiver! Einmal richtig und unmissverständlich korrigiert ist sinnvoller, als hundertmal halbherzig, gespielt, überreagierend oder vermenschlicht diskussionsbereit. Schauen Sie sich Hunde im Umgang miteinander an, Sie werden kein zimperliches Agieren erleben. Bricht ein Vierbeiner die Regeln des guten Benehmens, so folgt ein

Althunde korrigieren weder zimperlich, noch zögerlich, dafür aber exakt auf den Punkt! Von ihnen kann und muss der Mensch viel lernen! Niemals entstehen durch derartige Zurechtweisungen Beziehungsprobleme, wie der Mensch es häufig befürchtet.

korrigierendes Abbruchsignal auf dem Fuß. Das sieht in der Regel schlimmer aus als es ist. Auch können gerade Welpen in solchen Situationen mitunter schreien, als würden sie gerade zerfleischt, obwohl der korrigierende Part um Schnauzenlänge entfernt ist!

Wenn Ihr Welpe Ihnen auf der Nase herumtanzt, sich Ihnen gegenüber völlig respektlos verhält, sein Tun und Treiben Sie einfach nur sauer und wütend macht, dann zeigen Sie ihm das auch! Sagen Sie zu ihm deutlich, bestimmt und mit strengem Blick z. B. »Lass' es« und wenden Sie sich von ihm ab. Hatte der Welpe gerade noch Sozialkontakt zu Ihnen, den er schamlos ausgenutzt und übertrieben hat, so steht er plötzlich allein und verlassen. So wollte er es eigentlich nicht!
Sie können den Welpen auch kurz mit einem dunklen Knurren fixieren oder abblocken und auf Distanz halten.

Bitte beachten Sie die Auswirkung von konsequentem Verhalten! Was Ihrer Definition nach für einen erwachsenen Hund nicht erlaubt ist, ist bereits auch Ihrem Welpen nicht gestattet. Unerwünschtes Verhalten ist auch nicht in Situationen hinzunehmen, in denen Ihnen die Korrektur vielleicht gerade unbequem ist. Welpen lernen schnell die »Gunst der Stunde« auszunutzen und Sie machen sich unglaubwürdig, wenn es »mal Hüh, mal Hott« geht. Und führen Sie kein »Rabattmarkenheftchen«, bei welchem das Donnerwetter erst – und dann unangemessen übertrieben – erfolgt, wenn alle Felder des Heftchens mit Marken beklebt sind.
Sollten Sie Sorge haben, dass die Verwendung von Abbruchsignalen negativen Einfluss auf Ihre Beziehung zum Hund haben könnte, so lassen Sie sich sagen, dass das nicht der Fall sein wird – im Gegenteil. In der Diplomarbeit von Sandra Fischer (2007) zum Thema »Abbruchsignale der Hunde« fasst die Autorin ausdrücklich zusammen, dass »nach Senden von Abbruchsignalen eine Verhaltensänderung folgt, in einer Nachfolgesituation von zehn Minuten aber keine durchgängige Distanzeinhaltung zum Interaktionspartner üblich ist. (...) Nach Senden einer Sequenz von Abbruchsignalen (folgen) in der Regel keine weiteren Abbruchsignale. (...) Eskalationen sind (...) nicht üblich. Insgesamt deuten die Ergebnisse auf keine Belastung der Hundegruppe durch die Kommunikation mit Abbruchsignalen hin, welche die Vorteile des Gruppenlebens mindern würde.« Damit dürfte auch der oft zu hörende Hinweis, den Hund nach einer Missetat über einen längeren Zeitraum zu ignorieren, hoffentlich aus der Welt geräumt sein! Gerade nach einer Korrektur ist die Annahme des »Versöhnungsangebots« des Gemaßregelten äußerst wichtig! »So erhält der Hinweis, nach einer Zurückweisung des Hundes durch eine belohnenswerte Übung wieder die „Harmonie" herzustellen, eine ganz neue Bedeutung.« (Gansloßer, 2007)

Die Korrektur von unerwünschtem Verhalten muss unmissverständlich, situativ angepasst und sofort erfolgen! Das anschließend vom Gemaßregelten vorgebrachte Versöhnungsangebot muss angenommen werden! Und auch der Maßregelnde darf/sollte durchaus signalisieren: »Nun ist alles wieder gut!«

Thema Duldung

Das Thema »Duldungsbereitschaft« steht im unmittelbaren Zusammenhang zu den vorangegangenen Ausführungen. In Bezug auf seine Mutter hat das Hundekind schon frühzeitig gelernt, bestimmte Manipulationen über sich ergehen zu lassen. Es hat die Erfahrung gemacht, dass ihm in diesen Situationen nichts geschieht, vielleicht sogar im Gegenteil Wohlbehagen und Zufriedenheit daraus resultieren. Zur Verdauungsanregung und zu Massagen dreht die Mutter ihre Kinder auf den Rücken, sie leckt Genitalien und Bauch, Nase, Schnauzenregion und Ohren und zupft am Fell oder knibbelt an der Haut.
Diese Formen der Berührung können vom Menschen abgeguckt, übertragen und durchgesetzt werden. So sollte auch von »Frauchen/Mama« oder »Herrchen/Papa« der junge Hund immer wieder einmal auf den Rücken gedreht werden, in entspannter Atmosphäre wird er an allen Extremitäten berührt und betastet, es wird in die Ohren und ins Mäulchen geschaut, der Bauch wird sanft gestreichelt. Geschieht dies in häufigen, aber kurzen, sehr ruhig gehandhabten Intervallen, so lernt der Welpe diese Maßnahmen nicht nur zu erdulden, sondern zu genießen und sich vertrauensvoll hinzugeben. Wie zuvor bei seiner Mutter macht er wieder die Erfahrung, dass ihm nichts Böses geschieht, sondern er Wohlbehagen und innige Gemeinsamkeit mit seinem Menschen erlebt.

Duldungsübungen mit dem Welpen stärken nicht nur die Mensch-Hund-Beziehung grundsätzlich, sondern sind auch gute Vorübungen z. B. für den Tierarzt- oder Ausstellungsbesuch.

Gelassen abzuwarten und dabei inniges Miteinander zu erfahren, ist ja auch ganz schön.

Festhalten

Kauern Sie sich zu Ihrem Welpen auf den Boden und halten ihn sanft, aber bestimmt fest. Vermeiden Sie dabei Knebel- und Würgegriffe ebenso wie Gesten, durch die sich der Welpe bedroht fühlen könnte. Es geht einfach nur darum, dass Sie Ihren Welpen in stehender, sitzender oder liegender Position festhalten, egal, was um sie herum passiert und was »Klein Hundi« auch interessieren mag. Verhält er sich ruhig und abwartend, lassen Sie ihn mit einem Aufhebungssignal (z. B. »Lauf«) los und er darf sich entfernen. Unterstützend dürfen Sie natürlich gern ein bereits eingeübtes Entspannungssignal (siehe Seite 25) auch hierbei nutzen und einsetzen!

Wir spielen Tierarzt

Stellen Sie Ihren Welpen auf einen niedrigen Tisch. Halten Sie ihn sanft fest, streicheln Sie ihn und reden Sie ruhig und freundlich mit ihm, bis er sich in dieser ungewohnten Situation entspannt. Er soll auf dem Tisch verbleiben, darf sich setzen, ablegen oder auch stehen. Verhält er sich ruhig, nehmen Sie ihn vom Tisch herunter und geben ihm ein Aufhebungssignal (z. B. »Lauf«). Der Kleine darf sich entfernen.

Hat er sich an das Verweilen auf dem Tisch gewöhnt, so können Sie ihn dort am ganzen Körper sanft abtasten, in die Ohren schauen, das Mäulchen öffnen und nach den Zähnen sehen, jeden Lauf in die Hand nehmen und sanft bis in die Zehenspitzen mit leichtem Druck berühren. Unterstützend dürfen Sie natürlich gern ein bereits eingeübtes Entspannungssignal (siehe Seite 25) auch hierbei nutzen und einsetzen!

Leckereien können Manipulationen »versüßen«.

Rückenlage

Setzen Sie sich zu Ihrem Welpen auf den Boden und drehen Sie ihn spielerisch auf den Rücken. Halten Sie Ihn mit der einen Handfläche sanft, aber bestimmt am Brustkorb fest, während Sie mit der anderen Hand den Hund ruhig am Bauch oder der Halsregion streicheln. Zappelt und strampelt der Welpe und versucht, sich aus Ihrem Griff zu entwinden, so halten Sie ihn weiterhin sanft fest, unterbrechen aber sofort das Streicheln und reagieren verbal mit einem klaren »Nein«. Unterlässt er die Gegenwehr, lockern Sie den Griff, halten den Welpen aber weiterhin auf dem Rücken und streicheln ihn wieder. Diese Maßnahmen müssen im situativ angepasst schnellen Wechsel erfolgen, damit der Welpe an Ihren Reaktionen lernen kann, welches Verhalten das von Ihnen gewünschte ist.
Unterstützend dürfen Sie auch hierbei gern ein bereits eingeübtes Entspannungssignal (siehe Seite 25) verwenden!

Natürlich lassen sich die verschiedenen Positionen gut benennen, wenn der Welpe schön ruhig hält und genießt. So kann er »Rücken«, »Seite«, »Bauch« lernen, was Ihnen beim Tierarztbesuch sicherlich staunende und bewundernde Blicke einbringt.
Und bedenken Sie, dass Sie alle Übungen, seien sie auch noch so spielerisch, nur in sehr kurzen Intervallen durchführen dürfen, denn der Hund ist ja noch sehr jung und Konzentrationsfähigkeit und Impulskontrolle noch geringer. Zwei, drei Minuten sind durchaus ausreichend, lieber öfter wiederholen!

Und beim Beenden des Übens das Freigabe-/Aufhebungssignal nicht vergessen!

Erkundungsverhalten

Sprechen wir über Vertrauen und Vertrautheit, so ist es wichtig, auch kurz auf das Thema Erkundungsverhalten einzugehen. Welpen sind nicht nur bezogen auf ihre körperlichen Fähigkeiten unfertig entwickelte Lebewesen, auch ihr Gehirn und ihre Reizverarbeitung befindet sich ja noch in der Ausbildung. Neurophysiologische Untersuchungen haben ergeben, dass das Welpengehirn bis circa Ende der 16. Lebenswoche 80 % der maßgeblichen Verknüpfungen (Synapsen) hergestellt hat. Das bedeutet einerseits, dass dem Welpen in dieser Zeit möglichst viel »Input« gegeben werden muss, um diese Reizkonfrontation zu erleben und verarbeiten zu können, dass andererseits dies alles altersgemäß angepasst erfolgen muss. Gansloßer betont, dass das »Spiel mit Objekten beziehungsweise Bewegungsspiele und das Erkunden und Kennenlernen möglichst unterschiedlicher Gebiete und Lebensräume in der frühen Welpenzeit« ausgesprochen wichtig für die Entwicklung des Welpen ist. Gleichzeitig betont er aber auch, dass die bereits angesprochene Ortsgebundenheit hierbei zu berücksichtigen ist.

Förderung des Erkundungsverhaltens

Machen Sie mit Ihrem Hund doch mal – je nach Wohnlage – einen Ausflug in den Wald, auf die Wiese, an den See oder Strand. Lassen Sie ihn durch Geäst und über Wurzeln klettern, in Laubhaufen stöbern und ins dichte Unterholz krabbeln. In Sandbergen kann er buddeln und im Wasser plantschen. Er kann nach kleinen, für ihn abgelegten Futterbrocken suchen und spannende Abenteuer in freier Natur erleben. Lassen Sie Ihrem Welpen Zeit und Ruhe, die Umgebung zu erleben, selbst wenn er anfangs etwas befangen und eingeschüchtert sein sollte.

Die auf der Wiese liegende Jacke ist dem kleinen Kaukasen sichtlich unheimlich. Es wird ihm Zeit und Ruhe gelassen, um dies furchteinflößende Objekt selber zu erkunden und die Erfahrung zu machen: »Keine Gefahr! Harmlos!

Auch in Ihrer Wohnung gibt es vieles zu erleben und zu entdecken. In der Küche findet man besondere Gerüche und Geräusche, in den unterschiedlichen Zimmern verschiedene Bodenbeläge wie Fliesen, PVC oder flauschige Teppiche. Bieten Sie Ihrem jungen Hund die verschiedenen Erlebnismöglichkeiten an und lassen Sie ihn in Ruhe und selbständig diese Reize erleben. Erkundungsverhalten ausleben zu können und zu dürfen bedeutet für den Welpen Körpergefühl zu entwickeln, Muskulatur zu trainieren, Selbstbewusstsein zu erlangen, psychische wie physische Stabilität auszuprägen. Drängen Sie ihn aber nicht, sich damit auseinander zu setzen, denn damit wäre die Grenze zur Reizüberflutung und Überforderung schnell überschritten!

Ein großer Pappkarton (z. B. von einem Kühlschrank oder einer Waschmaschine) wird mit einem Eingangsloch versehen. In diesen Karton wird eine Futterschüssel mit einem Löffel Futter darin gestellt. Zeigen Sie Ihrem Welpen durch Hochhalten des Kartons das Futter dort und lassen dann den Karton auf den Boden ab. Mit »Such« darf der kleine Pionier nun in den Karton und das Futter fressen. Kommt er wieder hervor, so wird überschwänglich der mutige und schlaue Hund begrüßt!
Ist der Karton groß genug, so lassen sich zur Steigerung des Schwierigkeitsgrades auch weitere kleinere Kartons als Hindernisse mit hineingeben.

Auch im Haus lassen sich mannigfaltige Situationen schaffen, in welchen Welpen Erkundungsverhalten ausleben können. Dies ist wichtig und fördert das eigene Körpergefühl, stärkt das Selbstbewusstsein und das Selbstvertrauen, trainiert also Psyche und Körper gleichermaßen.

Freut Euch des Lebens – »die verrückten 5 Minuten«

Fast jeder Züchter kennt das: Ein verzweifelter Anruf eines Welpenkäufers, der ratlos von seltsamen Begebenheiten berichtet und fürchtet, der Welpe leide womöglich an einer ernsthaften Geisteskrankheit. Einmal am Tag, fast immer zur gleichen Zeit, rast der Welpe wie ein Wirbelwind durch die Wohnung, beißt wie ein Irrer in Sachen oder auch schon einmal in Menschen, klaut, was sich ihm bietet, und ist nicht mehr regel- oder kontrollierbar. Er ist einfach nur noch völlig »von Sinnen«.

Keine Angst! Diese »Anfälle« sind völlig normal und keinesfalls Anzeichen einer ernstzunehmenden Erkrankung. Betrachten Sie Ihren »jungen Wilden«, er zeigt in diesen Situationen alle körpersprachlichen Merkmale von Spiel.

Diese »dullen 5 Minuten« zeigen sich häufig nach dem Füttern und sind Zeichen purer Lebensfreude.

Welpe und Umwelt

Streitthema »Stress«

Immer wieder ist zu hören und zu lesen, dass Welpen doch um Gottes Willen keinen Stress erfahren dürften. Selbst in Hundetrainerkreisen wird diese Meinung nicht selten geäußert. Daher halten wir es für dringend geboten, unter Berücksichtigung der verhaltensbiologischen und entwicklungsphysiologischen Gegebenheiten auf den Begriff »Stress« etwas näher einzugehen.

Denken wir an Stress, dann definieren wir damit eine außerordentliche hohe, anhaltende (!) Belastung, die zu ernsthaften körperlichen und seelischen Beschwerden führen kann. Daher ist Stress negativ besetzt.

Doch halten wir uns auch vor Augen, dass es viele Menschen gibt, die erst unter einem gewissen Druck zu absoluten Höchstformen gelangen, sei es bei sportlichen Wettkämpfen, bei Prüfungssituationen oder bei der Verrichtung bestimmter Arbeiten. Die Allgemeinheit spricht auch hier schnell von Stress. Deshalb ergibt sich die Notwendigkeit, Stress genauer zu definieren und zu unterscheiden zwischen dem anhaltenden Stress (negativ, krankheitsfördernd oder -verursachend) und einer kurzzeitigen Stressbelastung (die positiv und motivierend sein kann). Broom (2001) hat diesbezüglich eine sehr brauchbare Unterscheidung etabliert. Einerseits definiert er: »Stress ist ein Umwelteffekt auf ein Individuum, der dessen Kontrollsystem überlastet und zu nachteiligen Konsequenzen (...) führt«. Andererseits unterstreicht er ausdrücklich, dass zu bewältigende, kurzzeitige Stresssituationen, die

als »Herausforderungen« angesehen und besser auch so betitelt werden, für das Individuum kurzfristig negative, aber langfristig gesehen positive Auswirkungen hat.

Bedienen wir uns ruhig wieder eines Beispiels aus der Welt von uns Menschen: Der Familienurlaub, die vermeintlich schönste Zeit des Jahres, steht an. Reise und Unterkunft sind gebucht, die Wetteraussichten sind traumhaft, die Stimmung der Familie in froher Erwartung bestens. Doch was ist noch alles vor Reiseantritt zu bedenken, zu organisieren, zu regeln und zu beachten! Die Familie gerät »ins Rotieren« und die Urlaubsvorbereitungen werden als »stressig« empfunden. Gemäß der oben genannten Ausführungen haben wir es hier aber mehr mit Herausforderungen zu tun, nämlich alles optimal organisiert zu bekommen, um die Urlaubsreise in vollen Zügen ungetrübt genießen zu können. Und in der Regel gelingt das ja auch, so dass niemand ernsthaft in Erwägung zieht, auf derartige Unternehmungen gänzlich zu verzichten, um den vorausgehenden Stress nicht erleben zu müssen.

Was all diese Ausführungen mit unserem Welpen zu tun haben? Nun, eine ganze Menge! Es ist wichtig, die Unterscheidung von Stress und Herausforderung zu verstehen und zu berücksichtigen. Außerdem ist wichtig zu bedenken, dass Stress an sich eine durchaus biologische Funktion für ein Lebewesen erfüllt und nicht unbedeutenden Einfluss auf Stoffwechselprozesse hat. Stress verursacht beim Lebewesen die Notwendigkeit, die Kontrollmechanismen der hormonellen Vorgänge im Körper zu aktivieren und auf die Situation angepasst zu reagieren. Nur wenn dies nicht gelingt, kommt es zu krankmachenden Überlastungsauswirkungen. Gelingt es dem Körper aber, die Anforderung zu bewältigen, die Kontrollmechanismen bestmöglich auf die Situation anzuwenden, sind sogar positive Auswirkungen auf das Immunsystem nachweisbar. Hier wirken sich Herausforderungen gesundheitsfördernd im Sinne von immunstärkend aus! »Nur wenn die Reaktionen überschießen oder die belastenden Zustände zu lange anhalten, können diese an sich biologisch sinnvollen Vorgänge krank machen.« (Gansloßer, 2007)

Ausdrücklich hingewiesen werden muss auf die Tatsache, dass Stressempfinden und Stressbewältigungsstrategien und -möglichkeiten abhängig sind vom individuellen Typ – und das gilt auch und nicht zuletzt für unsere Hunde und auch schon und erst recht für Hundekinder! So wird der wagemutige, eher draufgängerische Welpe mit der gleichen Situation völlig anders umgehen als der zurückhaltende, etwas schüchternere Artgenosse. Und beide Typen benötigen vom Menschen unterschiedliche Reaktionen und Hilfestellungen, um sich in der jeweiligen Situation sinnvoll unterstützt zu fühlen. Das mag dem Welpenhalter jetzt etwas schwierig erscheinen, doch mit dem entsprechenden Hintergrundwissen, welches wir vorangehend gegeben haben, einem wachen Verstand und dem gesunden Bauchgefühl, sollte es gelingen, den goldenen Mittelweg zwischen krankmachenden Belastungssituationen (anhaltendem Stress) und fördernden, Psyche und Physis stärkenden Herausforderungen zu erkennen! Dabei ist es durchaus normal, dass sich das Hundekind bei Konfrontation mit der einen oder anderen Herausforderung erstmal befangen verhält oder sogar fürchtet – ist Ihnen selbst nicht auch etwas beklommen zumute, wenn Sie eine bislang unbekannte Situation zum ersten Mal meistern müssen?

Welpen sollten den Menschen so viel wie möglich im Alltag begleiten. Aus Vertrautheit mit den unterschiedlichen Situationen wird Routine und Selbstverständlichkeit, die den Hund später ruhig und gelassen reagieren lässt.

Herausforderung »Menschenwelt«

Darf mein Welpe mit mir in die Stadt?

Ja! Er darf es nicht nur, er sollte es sogar! Sicherlich ist es aber für ihn und für Sie einfacher, wenn der erste Stadtbesuch nicht gleich in der ersten Woche bei Ihnen erfolgt, sondern der Welpe bereits Vertrauen zu Ihnen gefasst hat und bereits bereitwillig an der Leine mit Ihnen geht. Außerdem haben wir ja bereits gelernt, dass der Welpe vom biologischen Standpunkt aus betrachtet, eigentlich gar nicht bestrebt ist, fremdes Areal aufzusuchen (Ortsbindung! Siehe Seite 13). Deshalb ist es ratsam, mit dem ersten gezielten Stadtbesuch zu warten, bis der Welpe den dritten Lebensmonat vollendet hat. Auch sollte der erste Ausflug ins hektische Treiben nicht unbedingt zu den Haupteinkaufszeiten stattfinden.

Nehmen Sie sich wirklich Zeit für diese Aktion. Bedenken Sie: Für den Welpen stellt es eine größere »Herausforderung« dar, die er möglichst gut bewältigen sollte. Denken Sie an die Ausführungen zur Unterscheidung von Herausforderung und Stress! Viele neue Eindrücke stürmen auf den Kleinen ein: hektische Bewegungen von Menschen rings herum, Autos, Busse, Radfahrer, Menschen unterschiedlichster Statur, laufende, vielleicht schreiende Kinder, andere Hunde, unterschiedliche Bodenbeschaffenheiten in den Geschäften, veränderte Akustik, viele unterschiedliche Gerüche u.v.m.. Lauter Reize, die erlebt und verarbeitet werden müssen. Bleiben Sie immer wieder stehen und lassen Sie den Welpen in Ruhe schauen und Erfahrungen machen. Vermitteln Sie ihm Souveränität und Normalität und vermeiden Sie es, ihn in diesen Situation »vollzusabbeln«. Sie müssen ihm nicht erzählen, dass alles nicht schlimm, sondern ganz toll, spannend und interessant ist (er versteht Ihre Ausführungen eh nicht!), sondern lassen Sie ihn Ihre Ruhe und Ausgeglichenheit erleben und sich daran orientieren!

Darf mein Welpe mit mir ins Café, Restaurant, in den Biergarten, auf den Markt?

Ja! Er darf es nicht nur, er sollte es sogar! Im Grunde gelten die gleichen Anmerkungen, wie sie unter »Stadtbesuch« gemacht wurden. Um dem Welpen das ruhige Verharren im Café oder Restaurant etwas angenehmer zu bereiten, können Sie ihm einen vorbereiteten Kong, einen Kauknochen, evtl. einen kleinen Schnüffelrasen oder einen größeren Hundekuchen zum knabbern mitnehmen. In die Zukunft gedacht empfiehlt es sich, bereits dem Welpen beizubringen, dass er sich neben (und besser **nicht** unter!) den Tisch legt, statt sich in zwei Meter Entfernung mitten in den Raum zu platzieren. Sie können ihm auch eine kleine Decke, die er bereits von zuhause und/oder vom Deckentraining (Decke als Ruheort, siehe Seite 25) kennt, mitnehmen, um ihm seinen Platz zu verdeutlichen.

Bitte bedenken Sie bei allen Aktivitäten immer, dass Sie noch einen Welpen an der Seite haben! Alle Unternehmungen müssen in Dauer und Beanspruchung dem Alter des Hundes angepasst sein. Kurze Wege, Ruhe und Zeit, um Eindrücke verarbeiten zu können, Verschnaufpausen z. B. in einem Café (anfangs auf einen schnellen Cappuccino, statt sofort zur stundenlangen Kuchenschlacht!), vielleicht den Welpen zwischendurch einfach auch einmal ein Stück auf dem Arm tragen, in einem Hunde-Buggy oder einer Hundetasche transportieren. Und nicht viele Aktionen hintereinander an einem Tag, sondern an verschiedenen Tagen kurze Ausflüge mit verschiedenen Inhalten!

Verschnaufpause im Café – das Angenehme mit dem Nützlichen verbinden.

Um die Hände frei zu haben und nicht ständig schauen zu müssen, um welches Stuhlbein sich das Hundekind denn nun wieder verwickelt hat, stellen Sie sich – wenn dies möglich – einfach mit einem Fuß auf die Leine (Fuß auf die Leine als Ruhesignal, siehe Seite 26) und begrenzen dem Hund den Bewegungsradius. Wer das »Fuß-auf-die-Leine-Signal« bereits konsequent im Alltag einsetzt, der wird hier einen Vorteil haben. Wenn dies noch nicht umgesetzt wurde und das Hundekind die Begrenzung zuerst nicht akzeptiert und hin und her hampelt, so ignorieren Sie das widerspenstige Verhalten einfach. Nach einer Weile wird sich der kleine Quengel hinsetzen oder hinlegen und Ruhe geben. Und das bestätigen Sie ihm bitte sofort und unbedingt!

Darf mein Welpe schon mit in den Urlaub?

Ein klares »Jein!«: Sicherlich ist es eine wunderbare Gelegenheit, sich im Urlaub intensiv dem Welpen widmen zu können. Zeit, Ruhe und die entspannte Atmosphäre der aufgabenfreien Zeit bieten definitiv eine gute Grundlage, um die gegenseitige Beziehung aufzubauen und zu intensivieren.

Andererseits muss aber berücksichtigt werden, dass die Trennung von Mutter und Geschwistern, der Ortswechsel und die veränderten Lebensbedingungen bereits eine Fülle an zu verarbeitenden neuen Eindrücken darstellen, die auch die Immunabwehr des Körpers als Stressreaktion herabsenken. Der Welpe kann in dieser Zeit des Umbruchs durchaus krankheitsanfälliger sein!

Letztlich lässt sich diese Frage nicht pauschal beantworten. Es gilt die Persönlichkeitsstruktur und das Alter des Welpen zu beachten, die Gegebenheiten und Möglichkeiten am Urlaubsort abzuwägen, die Alternativen zu bedenken. Vielleicht lässt sich die Urlaubszeit ja wesentlich besser mit dem gerade übernommenen Welpen im neuen Zuhause verbringen, wo Sie sich nun in Ruhe und mit Zeit dem Aufbau Ihrer gegenseitigen Beziehung widmen können. Hat sich Ihr Welpenkauf erst nach der Buchung des Urlaubs ergeben und haben Sie es versäumt, eine Reiserücktrittsversicherung abzuschließen, die Ihnen nun eine Umbuchung in »Urlaub mit Hund« oder den finanziellen Ersatz bieten würde, so lassen Sie doch den Welpen einfach noch etwas länger beim Züchter, vorausgesetzt dieser ist bemüht und umsorgt seine Hundeschar fördernd, statt sie nur in Zwingern »aufzubewahren«. Allerdings sollte dann auch nach Verleben der schönsten Zeit im Jahr gewährleistet sein, dass nach der Rückkehr anfangs eine feste Bezugsperson zuhause sein wird und für den Welpen und dessen Eingewöhnungszeit zur Verfügung steht!

Darf mein Welpe größere Strecken im Auto fahren?

Im Prinzip ja. Haben Sie Ihren Welpen von einem Züchter erhalten, der das Autofahren bereits mit den Welpen geübt und ihn eventuell sogar schon an eine Transportbox gewöhnt hat, so sollten Sie nicht einmal größere Probleme damit haben. Erfahrungsgemäß fällt es jungen Hunden leichter, in der Nacht zu reisen, wenn sie gewohnheitsmäßig müde und auf schlafen eingestellt sind. Viele Hunde sind begeisterte Mitfahrer und springen bereitwillig in jedes offenstehende Auto.

Kennt Ihr junger Hund das Autofahren noch gar nicht oder hatte bislang nur unangenehme Erfahrungen damit, z. B. dass ihm schlecht wurde und er sich erbrechen musste, dann gewöhnen Sie ihn, wenn möglich, vor einer längeren Fahrt erst ans Auto. Setzen Sie ihn ins Auto, ohne das Auto zu starten und zu fahren. Geben Sie ihm ein Spielzeug, eine Knabberei oder ein paar Futterbrocken und nehmen Sie ihn anschließend wieder heraus. Ist er damit vertraut, schließen Sie die

Türen des Autos, setzen sich auf den Fahrersitz und starten das Auto, noch wird aber nicht gefahren. Kennt das Hundekind auch diesen Ablauf, setzen Sie es ins Auto, diesmal ohne Futter, damit ihm nicht wieder übel wird, fahren nur ein kurzes Stück, z. B. zu einer großen Wiese, wo Sie dann ein paar Minuten ausgelassen mit dem Welpen spielen. So langsam aufgebaut, wird sich in Ihrem Vierbeiner ein positives Grundgefühl zum Auto entwickeln und er lernt, dass Autofahren mit tollen Ausflügen und gemeinsamen Aktionen im direkten Zusammenhang steht. Vor längeren Autofahrten sollte der Hund nicht noch ausgiebig gefüttert werden, damit der Magen während der Fahrt nicht revoltiert. Und natürlich muss der Welpe im Auto gut gesichert (z. B. in einer Transportbox) und die Reise regelmäßig durch kleine Pausen unterbrochen werden.

Darf mein Welpe mit mir wandern?

Wenn Sie bei dieser Frage an den selbständig mitlaufenden Welpen denken, dann grundsätzlich: Nein! Kämen Sie auf die Idee, Ihren zweijährigen Sohn oder Ihre vierjährige Tochter selbständig laufend mit auf eine 30 km lange Wanderung zu nehmen? Wohl kaum! Ein Welpe schafft derartige körperliche Anstrengungen gar nicht und selbst wenn er eine größere Strecke mit Ihnen laufen würde, so ist ihm dies gesundheitlich nicht gerade zuträglich. Bedenken Sie, dass sein gesamtes Skelettsystem noch völlig unfertig und weich ist und er sich gnadenlos überfordern würde. Nicht umsonst nehmen Wölfe und Wildhunde ihren Nachwuchs erst ungefähr ab dem sechsten Monat mit auf Streifzug!
Die Mitnahme eines älteren (man bedenke die bereits mehrfach angesprochene Ortsbindung bei jungen Welpen und deren Auswirkung!) Welpen in einem Anhänger, einem Hunde-Buggy, einer Transporttasche oder einem entsprechenden Rucksack ist eher möglich – ob aber sinnvoll oder nicht, lässt sich pauschal keinesfalls bewerten.

So kann auch ein Welpe schon problemlos auf größere Wegstrecken mitgenommen werden.

Darf mein Welpe allein zuhause bleiben?

Ja, aber er muss es lernen! Grundsätzlich ist es ein Welpe in freier Natur durchaus gewohnt, dass er zurückbleiben muss, wenn seine Mutter und/oder sonstige Alttiere sich entfernen. Aber dann ist er in der Regel nicht ganz allein, sondern in Gesellschaft seiner Geschwister, eventuell sogar eines »Kindermädchens«. In unserer Mensch-Hund-Familie muss der Welpe lernen, dass es das Normalste der Welt ist, auch einmal allein zu sein, dass ihm dadurch keine Gefahr droht und dass seine Menschen wiederkehren.

Beginnen Sie ruhig schon gleich am ersten Tag, wenn Sie den Welpen übernommen haben, statt ihn die ersten Wochen zu »betüddeln« und ständig um ihn herum zu sein, was ihm das Allein-Sein-Lernen nur erschwert. Ist er gerade mit einem Spielzeug, einem Kauknochen oder ähnlichem beschäftigt, gehen Sie einfach und kommentarlos bei geöffneter Tür in den Nebenraum, so dass der Welpe Sie noch sieht. Nach einer Minute kommen Sie ohne großes Aufhebens einfach zurück und gehen Ihrer Tätigkeit nach.

Schnell wird der Kleine verstanden haben, dass es nichts Schlimmes bedeutet, wenn Sie kurzzeitig etwas weiter von ihm weggehen. Nach zwei, drei Tagen können Sie den mit Kauknochen oder sonstigem beschäftigten Hund kommentarlos (!) verlassen und die Tür hinter sich schließen, um aber wieder nach einer Minute zurückzukommen. Klappt das gut, verlassen Sie zwischenzeitlich den nicht beschäftigten Hund, kommen aber wieder nach kürzester Zeit zurück. Auch Ihre Rückkehr wird nicht durch unnötiges Aufhebens zu einem außergewöhnlichen Ereignis hochstilisiert! Sie gehen und sie kommen, das ist normal! Diesen Hinweis zu befolgen, fällt vielen Hundehaltern schwer. Aber der Hund war doch so brav und so lieb, da muss er doch innig gelobt und über alle

Alleine und trotzdem entspannt bleiben können, das will gelernt werden.

Maßen freudig begrüßt werden – oder nicht? Nein! Sie signalisieren ihm dadurch nur, dass Ihr Kommen und Gehen nicht normal ist, sondern eine Besonderheit darstellt. Schließlich machen Sie doch auch kein riesiges »Buhei«, wenn Sie von der Toilette zurückkommen oder gerade nur die Zeitung aus dem Zeitungsfach geholt haben, oder? Dieses Prozedere »Ich gehe und ich komme wieder« sollten Sie mehrmals am Tag wiederholen. Verhält der Hund sich unruhig, waren die Übungsschritte zu schnell und/oder zu groß. Wählen Sie den Weg der kleinen Schritte und lassen Sie den Hund am Erfolg lernen!

Die Zeit Ihrer Abwesenheit wird ganz langsam und variabel gesteigert, von einer Minute zu zwei, von zwei Minuten zu fünf, von fünf Minuten wieder zurück auf zwei. Wenn das alles problemlos vom Welpen verkraftet wird, dürfen es dann auch mal zehn Minuten sein und die Zeitspanne wird weiter vergrößert. Grundsätzlich sollte ein Hund vor Vollendung des vierten Lebensmonats aber nur maximal zwei Stunden allein sein. Kommt man dann aber wieder heim, dann wird der Hund natürlich freudig und liebevoll begrüßt, wie Sie jedes andere Familienmitglied ja auch begrüßen würden!

Welpe und Alltags-Gehorsam

Das Leben wird ernst – aber bitte spielerisch

Stellen wir uns folgendes Szenario vor: Ein merkwürdiges, riesenhaftes Wesen steht vor Ihnen, beugt sich womöglich in seiner vollen Masse über Sie, um Ihnen besser ins Angesicht schauen zu können, und sagt: »Vierundneunzig!« Gleichermaßen beklommen wie irritiert und verständnislos werden Sie vorsichtig zurückäugen, vielleicht sogar versuchen, sich der Situation zu entziehen. Da ertönt es wieder: »Vierundneunzig!«, diesmal lauter, bestimmter und nach Ihrer Empfindung drohender. Was meint der Riese? Was will er von Ihnen? Sie wissen es nicht, Ihnen ist unbehaglich, sogar ein wenig unheimlich. Der Riese wird ungehalten, Sie bemerken seine Anspannung und den aufkommenden Groll und fühlen sich in der Folge noch kleiner, noch jämmerlicher, noch verlorener. Da kommt der Riese auf Sie zu, drückt Sie nach hinten auf den Boden, schreit Sie an: »Vierundneunzig!« und ist erst zufrieden, als Sie eingeschüchtert, verständnislos und geduckt auf dem Boden sitzen. Jetzt plötzlich schaut er etwas freundlicher, streicht Ihnen kurz über den eingezogenen Kopf und murmelt: »Geht doch!«

Da Sie mittlerweile unsere Vorliebe für das Veranschaulichen via »Beispielen aus der Menschenwelt« kennen, werden Sie erahnen, worauf wir hinaus wollen. Ein Welpe kommt ins Haus und mit einer fast arroganten Selbstverständlichkeit geht der Mensch davon aus, dass der neue Mitbewohner alles versteht, was man ihm so sagt, Wort für Wort der menschlichen Sprache folgen kann. Reagiert er dann nicht in der angestrebten Art und Weise, wird er als »dumm«, »ungehorsam« oder »sturköpfig« betitelt. Leider wird bis zum heutigen Tag selbst in Hundeschulen empfohlen, den einmal gegebenen »Befehl« durchzusetzen, im Zweifelsfalle mittels körperlichem Druck. So werden Hunde am Hinterteil runtergedrückt, um die »Sitz«-Position einzunehmen oder es werden ihm die Vorderläufe nach vorne gezogen, um ihn ins »Platz« zu bringen. Verwundert es dann wirklich, dass diese Anweisungen, wenn überhaupt zügig, wenig freudig umgesetzt werden?

So bitte nicht! Wird der Welpe nur durch Niederdrücken, Pfoten wegziehen und Einsatz körperlicher Kräfte zur Ausführung von Positions-Anweisungen gebracht, so werden diese Übungen für ihn negativ besetzt. Eine freudige Reaktion auf das zugehörige Kommando wird bald gänzlich ausbleiben. Bitte befolgen Sie solche Anleitungen nicht, sollten Sie ihnen begegnen! Ihr Welpe und die Beziehung zu ihm werden es Ihnen danken.

Unser Hund muss doch erst einmal lernen können, was wir mit diesem oder jenem Wort eigentlich meinen! Für ihn sind unsere Worte Laute – und die vom Menschen diesen Lauten zugedachten Definitionen müssen sich ihm erst erschließen.

Ebenso wichtig, wie auf die korrekte Ausführung einer Anweisung zu achten, ist es, diese auch wieder aufzuheben! Auch hier wirken die Lernprozesse. Setzt sich der Hund auf »Sitz« brav hin, so soll er nicht selbständig wieder aufstehen und zur nächsten selbstgewählten Aktion vorpreschen, sondern warten, bis er von Ihnen freigegeben wird. Da Welpen noch nicht lange in der angewiesenen Position verharren können (und sollen!), wird bei ihnen das Aufhebungssignal umgehend nach erfolgter Belohnung des Wohlverhaltens gegeben und somit etabliert.

Aufhebungssignal

Um dem Welpen von klein auf daran zu gewöhnen, dass Sie die Dauer der Ausführung einer Anweisung variieren und beenden, ist es wichtig, ein Aufhebungssignal zu etablieren. Das kann »Lauf«, »Okay« oder was auch immer Ihnen gefällt sein. Hauptsache, es wird konsequent und von allen Personen, die mit dem Hund zu tun haben, gleichermaßen eingesetzt. Natürlich muss beim Welpen berücksichtigt werden, dass er noch lernt und sich noch nicht über längere Zeit konzentrieren kann, so folgt beim Welpen das Aufhebungssignal immer relativ zügig nach der absolvierten Übung. Dem Hundekind wird so bereits vermittelt, dass es nicht nach eigenem Gusto aus der Sitz- oder Platzposition aufsteht bzw. sich nach dem Herankommen auf »Hier« eigenmächtig wieder aus dem Staub machen kann. Achten Sie auf Ihren eigenen Umgang mit dem jungen Hund und schludern Sie hier nicht! Sie legen eine wichtige Basis, die Sie und Ihren Hund viele Situationen im Alltag leichter wird meistern lassen, z. B. das abwartende Sitzen vor der roten Ampel am Fußgängerüberweg (z. B. mit dem Fuß auf der Leine, siehe Seite 26), das Folgen, wenn Sie durch Tür oder Tor gehen wollen, das ruhige Verharren im Auto bis zu Ihrem Kommando »Hopp«, wenn er aussteigen darf.

Ein Aufhebungssignal zum Abschluss einer jeden Übung!

Anweisung »Sitz«

Das Sitzen bedeutet für den Welpen eine Haltung, die er von frühester Kindheit an als sehr angenehm und für ihn lohnenswert kennenlernt. Ab circa der dritten Lebenswoche liegt er nicht mehr an Mamas Milchbar, um zu trinken, sondern sitzt unter dem Gesäuge. Somit ist die Position des Sitzens für den Welpen sehr positiv besetzt. Verleiden Sie ihm dies nicht durch unangemessene Trainingsmethoden! Klar ist auch, dass der Welpe sitzen kann und sich in bestimmten Situation eben hinsetzt. Was er aber lernen muss, ist dass diese Körperhaltung zu dem von Ihnen ausgesprochenen Wort »Sitz« gehört. Das kann er weder hellsehen, noch aufgrund irgendwelcher kosmischer Schwingungen erahnen, auch ist er nicht mit diesem Wissen geboren worden. Denken wir an das vorangegangene Beispiel mit dem Riesen: Stellen Sie sich vor den Welpen und sagen ihm »Sitz«, so ergeht es ihm wie es Ihnen ergangen ist, als der Riese zu Ihnen sagte »Vierundneunzig«! Hätte der Riese Sie alternativ sanft zu einem Stuhl geführt und Sie dort behutsam und eindeutig veranlasst sich zu setzen, dann hätten Sie spätestens nach zwei, drei Wiederholungen gelernt, was der Riese mit »Vierundneunzig« meint und dass dies in Ihrer Sprache »Setzen Sie sich bitte hin« bedeutet. Natürlich hätten Sie wahrscheinlich gleichen Rückschluss gezogen, wenn der Riese Ihnen jeweils dann, wenn Sie auf dem Stuhl gesessen hätten, freundlich begegnet wäre und dieses merkwürdige Wort gesagt hätte.

Sitz mit Sichtzeichen.

Übungsaufbau »Sitz«

Variante 1: Der Welpe sitzt – aus welchem Grund auch immer – ruhig auf seinem Hinterteil. Sie streicheln ihn kurz sanft, lächeln ihn an und sagen ruhig, freundlich und deutlich: »Sitz«! Dabei können Sie ihm einen Futterbrocken oder ein kleines Leckerchen geben.

Variante 2: Der Welpe steht bei Ihnen oder läuft um Sie herum. Sie machen ihn mit einem Futterbrocken oder einem Leckerchen aufmerksam und führen dieses langsam über des Welpen Kopf nach hinten. Folgt der Welpe dem Futter, so muss er den Kopf in den Nacken legen und fällt fast zwangsläufig auf sein Hinterteil in die Sitz-Position. Sobald er sich gesetzt hat, erhält er den Futterbrocken und Sie sagen ruhig, freundlich und deutlich: »Sitz«!
Hilfreich dabei ist es, die Betonung nicht auf das »tz« zu legen, sondern das Wort noch heller klingen zu lassen, indem Sie das »i« etwas langziehen zu einem: »Siiiiiiiiiitz.«

Außer diesem Hörzeichen, also dem gesprochenen »Sitz«, lässt sich bei diesem Übungsaufbau auch leicht das zugehörige Sichtzeichen, der aufgerichtete Zeigefinger, einführen und etablieren. Nach nur wenigen Wiederholungen wird der

Oben: Das Interesse des Hundes fürs Leckerchen wecken.

Mitte: Das Leckerchen vor der Nase nach oben und hinten führen, sodass der Hundekopf folgt.

Unten: Sobald der Hundepo auf den Boden plumpst, wird der Zeigefinger ausgestreckt (Sichtzeichen Sitz), Sitz gesagt (Hörzeichen Sitz) und dann natürlich auch das Leckerchen gegeben!

Gleich zwei Fehler!
1. Da das Leckerli zu hoch gehalten wird, springt der Hund danach.
2. Obwohl er noch gar nicht sitzt, wird mit dem Zeigefinger das Sichtzeichen fürs Sitzen schon gegeben.

Welpe begriffen haben, was Sie meinen, wenn Sie ihm »Sitz« sagen und/oder den aufgerichteten Zeigefinger zeigen: Der Popo plumpst in die Sitzposition und der Welpe schaut Sie erwartungsvoll an, um das nun verdiente Leckerchen zu erhalten – was er in der Übungsphase in diesem Alter bitte auch jedes Mal bekommt!

Das Aufhebungssignal zum Abschluss der Übung nicht vergessen!

Wie bei jeder Übung, so gibt es auch hier Stolperfallen, die zu beachten sind! Bedenken Sie, der Welpe lernt immer, und er lernt auch die Dinge, die Sie ihm so eigentlich nicht beibringen wollen, aber aufgrund falscher, verspäteter, verfrühter oder missverständlicher Reaktionen vermitteln.

- Setzt er sich z. B. nur ganz kurz, um dann sofort wieder aufzustehen und in stehender Position das Futter zu bekommen, so lernt er, dass »Sitz« ein kurzes Hinhocken mit anschließendem sofortigem Aufstehen bedeutet.
- Lässt er sich nicht in die Sitz-Position führen, sondern tanzt einfach nur um Sie herum, um im geeigneten Moment das Futter aus Ihrer Hand zu klauen, so wird ihm die eigentliche Bedeutung des Wortes »Sitz« ebenfalls nicht deutlich.
- Halten Sie den Futterbrocken zu hoch über seiner Nase, so wird er lediglich versuchen, durch Springen ans Ziel zu kommen. Fatal, wenn Sie dann dabei auch noch versuchen, ihm zig Mal die Anweisung »Sitz« zu sagen, obwohl der Hund überhaupt nicht in der Sitz-Position verweilt. So lernt das Hundekind: »Sitz« ist Herum- und Hochspringen (oder wollen Sie bereits mit dem Welpen Dog-Dancing mit Synonymen üben?).

Hat es geklappt, dann verzichten Sie bei dieser Übungseinheit auf mehrfache Wiederholungen, denn der Welpe kann sich nur kurz konzentrieren und sollte mit einer erfolgreich absolvierten Übung aus seiner Lektion entlassen werden. Lieber zu einem späteren Zeitpunkt wieder eine kleine, kurze Übung ansetzen.

Anweisung »Platz«

Beim »Platz« ist es wie beim »Sitz« (und bei anderen noch unbekannten Hörzeichen ebenso!): Solange der Hund gar nicht weiß, was Sie mit diesem Wort meinen und von ihm erwarten, können Sie es ihm nicht abverlangen. Er muss erst lernen, welche Körperhaltung, in diesem Fall das auf dem Bauch liegen, mit dem Klang des Wortes »Platz« verbunden ist.

Das ruhige Liegen auf dem Bauch ist für einen Welpen vermutlich genauso schwierig, wie das ruhige Sitzen auf dem Stuhl für ein Kleinkind. Ständig gibt es etwas Interessantes zu sehen oder zu hören, wo drauf reagiert wird, wo gern hingelaufen würde oder was untersucht werden könnte. Erst wenn der Welpe müde ist und schläft, liegt er schön ruhig. Dann aber meistens auf der Seite und nicht in Aufnahmebereitschaft.

Entspanntes, ruhiges Verweilen im »Platz« will gelernt sein.

Übungsaufbau »Platz«

Variante 1: Der Welpe liegt – aus welchem Grund auch immer – ruhig bäuchlings auf dem Boden. Sie streicheln ihn kurz sanft, lächeln ihn an und sagen ruhig, freundlich und deutlich: »Platz«! Dabei können Sie ihm einen Futterbrocken oder ein kleines Leckerchen zwischen die Vorderpfoten legen.

Variante 2: Sie bringen den Welpen in die »Sitz«-Position, entweder wie oben beschrieben oder – wenn er das schon gelernt hat – mit Sicht- und/oder Hörzeichen »Sitz«. Der Einfachheit halber gehen Sie selbst auch mit in die Hocke. Nun führen Sie den Futterbrocken dicht vor der Hundenase und dem Welpen-Brustbein langsam nach unten gen Boden. Der Welpe folgt und ist nun schon relativ »eingeknickt«. Ist er mit der Nase am Boden, führen Sie das Leckerchen langsam geradlinig von dem Welpen nach vorne weg. Folgt der Welpe dem verlockenden Geruch, so streckt er sich in die Länge und legt sich ab. Sobald er sich gelegt hat, legen Sie ihm den Futterbrocken zwischen die Vorderpfoten und sagen ruhig, freundlich und deutlich: »Platz«! Steht er auf, um dem Futterbrocken zu folgen, verschwindet Ihre Hand mit dem Futterbrocken sofort hinter Ihrem Rücken und Sie beginnen von vorn. Geduld, Geduld!

Außer dem Hörzeichen, also dem gesprochenen »Platz«, lässt sich bei diesem Übungsaufbau auch leicht das zugehörige Sichtzeichen, die flach nach unten gerichtete Handfläche, einführen und etablieren. Nach nur wenigen Wiederholungen wird der Welpe begriffen haben, was Sie meinen, wenn Sie ihm »Platz« sagen und/oder die nach unten gerichtete Handfläche zeigen: Der Welpe legt sich in die Platzposition und schaut Sie erwartungsvoll oder den Boden zwischen seinen Vorderpfoten absuchend an, um das nun verdiente Leckerchen zu erhalten – was er in der Übungsphase in diesem Alter bitte auch jedes Mal bekommt!

Variante 3: Gelenkigkeit vorausgesetzt, strecken Sie ein Bein gerade von sich weg, als wollten Sie erste Übungen für den Kasatschok-Tanzwettbewerb vollführen. Nun locken Sie den Welpen mit einem Futterbrocken, damit er unter Ihrem ausgestreckten Bein durchkrabbelt. Sobald der Hund sich beim Passieren Ihres Beines abgelegt hat, erhält er den Futterbrocken, der wie gewohnt zwischen seine Vorderbeinchen platziert wird, und Sie sagen ruhig, freundlich und deutlich: »Platz«! Zeigt er sich anfangs etwas ängstlich und scheu, so setzen Sie Ihr Bein höher gewinkelt auf, damit der Welpe nur drunter herlaufen und somit seine Unsicherheit verlieren kann. Auch dafür darf er natürlich seine Belohnung bekommen, aber nicht die Anweisung »Platz«! Sagen Sie ihm bei dieser Vorübung einfach nur ein »Durch« oder »Krabbeln« oder was immer Sie alternativ mögen.

Das Aufhebungssignal zum Abschluss der Übung nicht vergessen!

Anfangs führt man ins »Platz« aus der Sitz-Position, indem man nah vor dem Hundekörper entlang des Brustbeins ein Leckerchen Richtung Boden führt. Folgt der Welpe mit Nase und Fang, muss er seinen Kopf weit nach unten beugen, was unbequem ist. Dann wird das Futter langsam (!) auf dem Boden vom Welpen weggeführt, aber so, dass er weiterhin zu folgen versucht. Da es einfacher ist, dies aus einer liegenden Position zu tun, legt der Kleine sich ab. Sofort wird das Hörzeichen »Platz« gegeben und das Futter zwischen die Vorderpfoten des Welpen abgelegt, so dass er es sich nehmen kann (und darf!). Das Ablegen auf den Boden zwischen die Pfoten beim Platz verhindert, dass der Hund dem Futtergeruch an der Hand folgt und sofort mit aufsteht, sobald der Mensch sich aufrichtet! Eine längere Verweildauer im Platz lässt sich durch etwas verstreute Mehrfachablegung von Futter erzielen. Aber das bitte erst im zweiten Trainingsschritt, wenn der erste gut klappt!

Wie bei jeder Übung, so gibt es auch hier Stolperfallen, die zu beachten sind! Bedenken Sie, der Welpe lernt immer, und er lernt auch die Dinge, die Sie ihm so eigentlich nicht beibringen wollen, aber aufgrund falscher, verspäteter, verfrühter oder missverständlicher Reaktionen vermitteln.

- Legt er sich z. B. nur ganz kurz, um dann sofort wieder aufzustehen und in stehender oder sitzender Position das Futter zu bekommen, so lernt er, dass »Platz« ein kurzes Ablegen mit anschließendem sofortigem Aufstehen bedeutet.

- Lässt er sich nicht in die Platz-Position führen, sondern tanzt einfach nur um Sie herum, um im geeigneten Moment das Futter aus Ihrer Hand zu klauen, so wird ihm die eigentliche Bedeutung des Wortes »Platz« ebenfalls nicht deutlich.

- Halten Sie den Futterbrocken zu weit von seiner Nase entfernt, so wird er diesem folgend immer wieder aufstehen und durch Hinlaufen versuchen ans Ziel zu kommen.

- Springt der Welpe auf, um schneller an das Leckerchen zu gelangen, so legen Sie Ihre Hand mit leichtem (!) Druck auf den Welpen-Popo, damit ein Aufstehen verhindert wird.

Und hat es geklappt, dann verzichten Sie auf mehrfache Wiederholungen bei dieser Übungseinheit, denn der Welpe kann sich nur kurzfristig konzentrieren und sollte mit einer erfolgreich absolvierten Übung aus seiner Lektion entlassen werden. Lieber zu einem späteren Zeitpunkt wieder eine kleine, kurze Übung ansetzen.

Anweisung »Bleib«

Bereits bei der Anweisung »Platz« wiesen wir darauf hin, dass das ruhige Verweilen an einem bestimmten Ort noch relativ schwierig für einen Welpen ist. Dies ist umso konfliktbeladener, wenn sich der Mensch auch noch vom Welpen entfernt. Somit ist die »Bleib«-Übung mit besonderem Bedacht einzuüben. Einerseits möchte der Welpe nach Möglichkeit immer seinem Menschen folgen, andererseits muss er es auch lernen, allein zu bleiben und in Bezug auf die Bleib-Übung eben ertragen, dass der Mensch sich von ihm entfernt, er aber an dem ihm zugewiesenen Ort verweilt.

Zu Beginn des Bleib-Trainings soll es erstmal egal sein, welche Position der Hund dabei inne hat. Hauptsache er bleibt, wo er ist. Es versteht sich von selbst, dass zur Einübung dieser für den Welpen relativ schwierigen Übung keine Ablenkung durch eine reizvolle Umgebung und/oder andere Personen und Tiere vorhanden sein sollte. Hilfreich ist es auch, wenn der Welpe vor dieser Übung draußen war und sich bereits müde gespielt hat. Zu Beginn lässt sich die Durchführung des »Bleib« auch durchaus mittels Leine absichern.

Die Anweisung »Bleib« bedeutet beim Welpen ausschließlich: »Verweile an dem dir zugewiesenen Ort«! Es ist egal, ob der Welpe dort steht, liegt oder sitzt.

Übungsaufbau »Bleib«

Variante 1: Der Welpe liegt oder sitzt ruhig auf dem Boden. Sie legen ihm einige Futterbrocken, ein Spielzeug oder einen Hundekuchen vor das Mäulchen, sagen ihm »Bleib« und gehen rückwärts, also Sichtkontakt zum Welpen haltend, nur ein, zwei Schritte zurück und gleich wieder nach vorn, bevor der Welpe mit dem fressen oder spielen fertig ist. Dies wiederholen Sie mehrere Male am Tag.
Tipp: In diese Art Spieltaue (Knötli von Knauders Best), wie Buddy es auf dem Foto hat, lassen sich wunderbar kleine Leckerlis in die Flechtstruktur der Fleecebänder reindrücken, die der Kleine sich herauspuzzlen darf!

Gelassen zurückzubleiben, wenn der Mensch sich entfernt, ist für Welpen noch eine sehr schwere Übung, da sie viel Vertrauen in den Menschen und eine gefestigte(re) Beziehung benötigt, was sich beides ja erst entwickelt. Dennoch kann man bereits früh beginnen, langsam und mit Bedacht das »Bleib« zu üben.

Variante 2: Der Welpe kennt bereits das Hör- und Sichtzeichen »Sitz« und sitzt ruhig vor Ihnen. Sie halten ihm mit der dem Hund zugewandten Hand einen Futterbrocken vor und lassen ihn daran schnuppern und lecken. Mit einem ruhigen, deutlichen »Bleib« gehen Sie um den Hund herum, wobei Sie mit der Hand (linke Hand, wenn Sie gegen den Uhrzeigersinn laufen, rechte Hand, wenn Sie im Uhrzeigersinn laufen) vor bzw. an dem Hundemaul bleiben! Gehen Sie langsam (und vorsichtig, damit Sie den Hund nicht treten oder auf seiner Rute landen!) einmal um ihn herum. Sobald Sie die Runde absolviert haben und der Hund in seiner Position verblieb, loben Sie ihn und reichen ihm das Leckerchen.
Im weiteren Verlauf des Übens nehmen Sie nach der Umrundung die Futterhand kurz vom Hundemaul weg, richten den Rücken gerade und geben das Sicht- und Hörzeichen »Bleib« und geben dem Hund den Futterbrocken erst danach.

Variante 3: Sie bedienen sich eines Gegenstandes, der dem Welpen sehr vertraut ist, das kann eine Decke, eine Jacke von Ihnen, ein Püppchen, ein Handschuh oder ähnliches sein, halt etwas, was vermittelt »Ich bin nicht ganz allein und verlassen«. Diesen Gegenstand legen Sie zum Hund oder lassen den Hund sich darauf legen. Dann geben Sie ihm wieder einige Futterbrocken dazu, sagen ruhig und deutlich »Bleib« und entfernen sich Sichtkontakt haltend nur ein, zwei Schritte. Bevor

Der kleine Collie Jack beherrscht schon gut das »Sitz« und bleibt auch mit kleiner Entfernung zu seinem Menschen sicher in dieser Position. Als das »Herrchen« sich aber umdreht, wird ihm die Sache etwas »mulmig«. Er steht auf, nähert sich leicht verunsichert in geduckter Körperhaltung an und versucht aktiv, den Blickkontakt wieder herzustellen, indem er um den Menschen herumgeht! Immer bedenken: Blickkontakt ist Sozialkontakt!

der Welpe fertig ist mit Fressen und/oder unruhig wird, gehen Sie zu ihm zurück und loben ihn.

Variante 4: Sie haben mit dem Welpen bereits die Variante 1 erfolgreich absolviert. Der Welpe liegt oder sitzt ruhig auf dem Boden. Sie leinen ihn an und befestigen die Leine an einem Zaun oder Baum oder eine zweite Person hält sie fest. Sie geben dem Kleinen einige Futterbrocken oder einen Hundekuchen, sagen ihm »Bleib« und gehen rückwärts, also Sichtkontakt zum Welpen haltend, nur ein, zwei Schritte zurück und gleich wieder nach vorn, bevor der Welpe mit dem Fressen fertig ist. Dies wiederholen Sie mehrere Male am Tag und steigern langsam und in kleinen Schritten (!) die Entfernung. Für eine solche Übung sind z. B. Zaunpfähle (aufpassen, dass dort kein Elektrozaun gezogen ist!) oder Straßenpoller (aufpassen, dass der Welpe nicht in den fließenden Verkehr gelangen kann oder dort zu viele Außenreize stören!) geeignet, über die man leicht die Leine werfen kann.

Diese Übung setzt bereits eine tiefe Vertrauensbasis voraus und ist für einen Welpen recht schwierig zu meistern. Daher üben Sie gern öfter am Tag, aber nur kurz und mit nur wenigen Wiederholungen hintereinander. Bedenken Sie auch, dass Sie durch einen zugewandten Rücken auch körpersprachlich den Kontakt zum Hund abbrechen, was gerade für Welpen schwer zu ertragen ist! Besser mit Sichtkontakt und zugewandt ein Entfernen zu Beginn üben. Lassen Sie den Welpen – wie bei jeder Übung! – erfolgreich abschließen. Klappt der von Ihnen gewählte Übungsaufbau nicht, so gestalten Sie die Übungsschritte kleiner!

Haben Sie bereits ein Deckentraining (Thema Ruhe, Seite 24) begonnen, so können Sie die Decke gut auch hier als doppeltes Signal mit einsetzen.
1. Signal = Ruhe, 2. Signal = Dein Mensch kommt wieder.

Außer dem Hörzeichen, also dem gesprochenen »Bleib«, lässt sich bei diesem Übungsaufbau auch leicht das zugehörige Sichtzeichen, die vor dem Körper gen Hund weisende Handinnenfläche, einführen und etablieren. Nach einigen Wiederholungen wird der Welpe begriffen haben, was Sie meinen, wenn Sie ihm »Bleib« sagen und/oder die nach vorn gerichtete Handinnenfläche zeigen.

Wie bei jeder Übung, so gibt es auch hier Stolperfallen, die zu beachten sind! Bedenken Sie, der Welpe lernt immer, und er lernt auch die Dinge, die Sie ihm so eigentlich nicht beibringen wollen, aber aufgrund falscher, verspäteter, verfrühter oder missverständlicher Reaktionen vermitteln.

- Wählen Sie zu Beginn noch keine Kombination wie »Sitz-Bleib« oder »Platz-Bleib«, sondern üben Sie nur, dass der Welpe an dem Ort verweilt, an dem er bleiben soll.

- Gehen Sie den Weg der ganz kleinen Schritte! Anfangs reicht es aus, wenn der Welpe bleibt, wo er ist, selbst wenn Sie nur eine Fußlänge von ihm weggehen können.

- Werden Sie nicht übermütig und unangebracht ehrgeizig, wenn es dann klappt! Steigern Sie die Entfernung zum Hund in kleinen Schritten. Dabei sollten Sie nicht nur das Sichtkontakt-haltende-Rückwärtsgehen üben, sondern z. B. auch zur Abwechslung ein, zwei Schritte nach rechts oder ein, zwei Schritte nach links machen und sich somit seitlich zum Hund, aber noch immer Sichtkontakt haltend, bewegen.

- Läuft der Hund immer wieder hinter Ihnen her, so arbeiten Sie mit Hilfe der Leine und bringen den Welpen dadurch in die Situation, dass er die Übung nur erfolgreich absolvieren kann!

- Klappt alles zuvor Beschriebene bereits sehr gut, versuchen Sie sich – anfangs noch in geringerer Entfernung und etwas schneller – einmal um die eigene Achse, also um 360°, zu drehen, bevor Sie zum Hund zurückkehren. Verringern Sie langsam die Drehgeschwindigkeit und steigern die Distanz. So lernt Ihr Hund, dass Sie sich auch mal mit dem Rücken zu ihm befinden, was einem Welpen schwer fällt auszuhalten!

Das Aufhebungssignal zum Abschluss der Übung nicht vergessen!

Anweisung »Steh«

Eine viel zu wenig beachtete und beim Üben oft verschmähte, aber so wichtige Position! Für den Besuch beim Tierarzt, für das Verhalten im Alltag z. B. im Stadtverkehr, aber auch für eventuelle Ausstellungsbesuche ist es sinnvoll, dem Hund das Stehen auf Anweisung ebenfalls beizubringen. Einmal sicher gelernt, wird er später ruhig(er) und routiniert(er) auf dem Untersuchungstisch stehen, am Straßenrand als Alternative zum Sitzen gelassen stehenbleiben oder sich als angehender Show-Star im Ausstellungsring besser präsentieren.

Übungsaufbau »Steh«

Variante 1: Der Welpe steht – aus welchem Grund auch immer – ruhig auf dem Boden. Sie streicheln ihn kurz sanft, lächeln ihn an und sagen ruhig, freundlich und deutlich: »Steh«! Dabei können Sie ihm einen Futterbrocken oder ein kleines Leckerchen geben.

Vorsicht, dass das Futter nicht zu hoch gehalten wird. Hier ist es zum Üben noch alles im grünen Bereich.

Aus dem Lauf einfach mal anhalten und beim ruhigen Stehen »Steh« sagen und Futter geben.

Variante 2: Sie führen den Welpen mit einem vorgehaltenen Futterbrocken in die »Steh«-Position. Dabei können Sie selbst gut in die Hocke gehen, wenn Ihnen das möglich ist. Nun halten Sie den Futterbrocken ruhig vor der Hundenase, so dass der Welpe daran schnuppern oder lecken kann. Gleichzeitig halten Sie unterstützend eine Hand locker (!) unter den Bauch des Hundekindes, bei »Fortgeschrittenen« reicht eventuell ein leichtes Anlegen eines Fingers gegen den Innenschenkel. Wenn Sie mögen, können Sie sich für diese Übung ein Sichtzeichen ausdenken, welches dann von Ihnen für die Anweisung »Steh« mit trainiert wird und später das Signal für den Hund darstellt, sich ruhig abwartend hinzustellen bzw. stehen zu bleiben.

Wie bei jeder Übung, so gibt es auch hier Stolperfallen, die zu beachten sind! Bedenken Sie, der Welpe lernt immer, und er lernt auch die Dinge, die Sie ihm so eigentlich nicht beibringen wollen, aber aufgrund falscher, verspäteter, verfrühter oder missverständlicher Reaktionen vermitteln.

- Halten Sie das Futter bei dieser Übung zu hoch, so wird Ihr Hund springen, statt zu stehen, denn er will ja das Futter erreichen.
- Halten Sie das Futter zu weit vom Hund entfernt, dann wird er dem Futter hinterherlaufen, statt zu stehen, denn er will ja das Futter erreichen.
- Sind Sie in Ihren vermeintlichen Hilfestellungen zu ungenau oder zu hektisch, so dass der Welpe nicht zum Erfolg kommt, so wird die Motivation zur Mitarbeit bei dem Kleinen leicht versiegen und sich beim Hundekind und Ihnen Frust breit machen. Deshalb üben Sie in Ruhe, mit Geduld und Zeit.

Und hat es geklappt, dann verzichten Sie auf mehrfache Wiederholungen bei dieser Übungseinheit, denn der Welpe kann sich nur kurz konzentrieren und sollte mit einer erfolgreich absolvierten Übung aus seiner Lektion entlassen werden. Lieber zu einem späteren Zeitpunkt wieder eine kurze Übung ansetzen.

Das Aufhebungssignal zum Abschluss der Übung nicht vergessen!

Anweisung »Hier«

Eines der größten »Probleme« beim erwachsenen Hund, stellt die Befolgung der Anweisung »Hier« dar. Das Heranrufen, auch aus tollen Spielsituationen oder aus einer selbstbelohnenden Nachlaufsequenz, aus welcher leicht eine wilde und für den Hundehalter schwer zu kontrollierende Nachhetz-Aktion auf Jogger, Radfahrer, Katzen, Wild usw. werden kann, ist eine früh zu übende und konsequent umzusetzende Erziehungsmaßnahme. Dabei bedient sich der Hund, auch schon der Welpe, gern einer Interessenabwägung. Was ist interessanter? Was ist lohnenswerter? Von welcher Entscheidung habe ich den größeren Vorteil für mich?

Die Etablierung des Rückrufsignals ist extrem wichtig, deshalb dürfen Sie hier gern auch mit ganz besonderen Futterstückchen üben, die der Hund unwiderstehlich findet und die es nur bei dieser Übung gibt! Hunde können nämlich Qualitäten (und auch Mengen!) unterscheiden, wie Studien belegen. Nutzen Sie diese Erkenntnisse und wählen Sie Ihre Futterbestätigungen sinnvoll und überlegt!

Übungsaufbau »Hier«

Variante 1: Der Welpe läuft – aus welchem Grund auch immer – auf Sie zu. Sie gehen in die Hocke, lächeln ihn an und sagen erst kurz bevor er bei Ihnen ist ruhig, freundlich und deutlich: »Hier«! Dabei halten Sie ihm ein besonderes Leckerchen oder begehrtes Spielzeug sichtbar hin. Hilfreich ist es, das Wort noch heller klingen zu lassen, indem Sie das »i« etwas langziehen zu einem: »Hiiiiiiiiiier«.

Variante 2: Sie gehen vor dem Welpen her und motivieren ihn, Ihnen zu folgen. Dann drehen Sie sich zu ihm um, gehen in die Hocke und locken ihn über hohe Stimme, auffordernde Gesten, Spielzeug und/oder Futter, zu Ihnen zu kommen. Kurz bevor der Welpe bei Ihnen angelangt ist, sagen Sie ruhig, deutlich und freundlich »Hier«. Wenn Sie mögen, können Sie sich für diese Übung ein Sichtzeichen ausdenken, z. B. ausgestreckte Arme a la »Wer kommt in meine Arme«, welches dann von Ihnen für die Anweisung »Hier« mit trainiert wird und später ein Signal für den Hund darstellt, zügig auf Sie zuzulaufen.

Variante 3: Ihr Welpe sitzt, liegt oder steht ein kleines (!) Stück von Ihnen entfernt. Sie sprechen ihn mit seinem Namen an und motivieren ihn über hohe Stimme, auffordernde Gesten, Spielzeug und/oder Zeigen von Futter, zu Ihnen zu kommen. Kurz bevor er bei Ihnen ist, sagen Sie ruhig, deutlich und freundlich »Hier« und lassen ihn bei Ankunft das Futter aus Ihrer Hand fressen oder spielen mit ihm.

Wie bei jeder Übung, so gibt es auch hier Stolperfallen, die zu beachten sind! Bedenken Sie, der Welpe lernt immer, und er lernt auch die Dinge, die Sie ihm so eigentlich nicht beibringen wollen, aber aufgrund falscher, verspäteter, verfrühter oder missverständlicher Reaktionen vermitteln.

Freudiges Herankommen auf Zuruf sollte beim Welpen immer ausdrücklich bestätigt werden!

- Wenn Sie Ihren Welpen mit Namen ansprechen und gleichzeitig »Hier« rufen, Klein-Hundi es aber vorzieht in x-beliebige andere Richtung statt zu Ihnen zu laufen, so lernt der Welpe, dass das Wort »Hier« keine unbedingt zu befolgende Anweisung darstellt! Deshalb setzen Sie das Wort »Hier« erst ein, wenn der Welpe bereits kurz vor Ihnen ist und keine Gefahr mehr besteht, dass er noch die Richtung wechselt!

- Halten Sie das Futter zu weit von sich entfernt, so besteht die Gefahr, dass der Welpe das Futter schnell nimmt, um dann sogleich wieder zu verschwinden.

- Üben Sie das »Hier« nur in Situationen, in denen der Welpe anschließend sofort angeleint wird, so wird er die vermeintliche »Freiheitsberaubung« als unangenehme Begleiterscheinung des »Hier« definieren und in seiner Begeisterung, zu Ihnen zu laufen, bald nachlassen! Lassen Sie dem befolgten »Hier« lieber das Aufhebungssignal »Und lauf« folgen, mit welchem sich der Hund wieder entfernen darf, um ihn erst beim zweiten oder dritten Heranrufen anzuleinen. Dabei ist es hilfreich, mit der einen Hand von unten in das Halsband oder Geschirr zu greifen, während die andere Hand noch das Futter anbietet. So ist der Welpe mit Fressen beschäftigt und lässt sich leicht greifen, außerdem reagieren viele Welpen mit einem Satz nach hinten, wenn die Hand von oben gen Welpe geführt wird. Hieraus kann sich sogar eine gewisse Handscheue entwickeln oder der Welpe macht bei der kleinsten Bewegung Ihrer Hand auf ihn zu ausweichend einen Satz nach hinten, um sich zu entziehen oder ein lustiges »Fang-mich-Doch«-Spiel zu beginnen.

Das Aufhebungssignal zum Abschluss der Übung nicht vergessen! Haben Sie Ihren Hund bereits auf die Pfeife konditioniert, so können Sie selbstverständlich bei diesen Übungsaufbauten die Pfeife gezielt mit einsetzen.

Anweisung »Guck' mal«

Sie haben es bestimmt schon bei anderen Hundehaltern mit deren Vierbeinern erlebt: Irgendetwas, nach Hundemeinung spannendes kommt entgegen und Hund zieht an der Leine, guckt, bellt und macht die akrobatischsten Verrenkungen, um dorthin zu gelangen. Oder Sie fragen sich selbst im Umgang mit Ihrem Welpen, wie Sie die Aufmerksamkeit Ihres Hundes auf sich lenken können, wenn andere Dinge, Personen oder Tiere um ein Vielfaches interessanter zu sein scheinen als das eigene Frauchen oder Herrchen. Das Zauberwort heißt »Schau« oder »Guck' mal«! Diese lockere Floskel zu etablieren lohnt sich für Sie in vielerlei Hinsicht: Ihr Hund wird ansprechbarer in für ihn reizvollen Situationen. Sie beweisen ihm, dass es sich für ihn lohnt, auf Frauchen und/oder Herrchen zu reagieren. Last, but not least: Sie bilden die Grundlage für ein zu belohnendes, erwünschtes Verhaltensmuster, bei dem der Hund reagiert, sobald er von Ihnen angesprochen wird und daraufhin seinen Futterbrocken bekommt.

Inniger Blickwechsel trifft mitten ins Herz.

Dies ist eine wichtige Basis, denn erst wenn der Hund die Chance hat zu wählen zwischen dem erwünschten Verhalten und dem Versuch, seinen eigenen Interessen nachzugehen, haben Sie das Recht (und die Verpflichtung), beim Agieren des Hundes in unerwünschter Art und Weise korrigierend zu reagieren. Leider sieht man bei Hundehaltern im Umgang mit jugendlichen und/oder erwachsenen Hunden oftmals nur den verzweifelten (und meist nicht funktionierenden) Versuch, unerwünschtes Verhalten zu sanktionieren und mittels Geschrei und Ruckerei auf den Hund einzuwirken.

Lernerfolg gleich Null für den Vierbeiner, Frustrationspegel für den Menschen steigend! Die Ratlosigkeit sieht man Mensch wie Hund regelrecht an: »Was tu' ich nur mit diesem schrecklichen Tier«, der Mensch – und »Was will der Mensch denn eigentlich von mir und wie würde ich es besser machen können«, der Hund.

Da Sie sicherlich nicht in eine solche Zukunft mit Ihrem Vierbeiner blicken wollen, üben Sie fleißig, ruhig und konsequent das Zauberwort!

Und, auch wenn wir beim Welpen (!) den zugewandten Blick noch viel mit Futter bestätigen, so darf der gegenseitige Blickkontakt auf keinen Fall darauf beschränkt werden! Blickkontakt ist ein sozialer Kontakt und sollte so oft wie möglich für einen innigen Moment sorgen und genutzt werden! Wie bei uns Menschen auch, geht ein liebevoller Blick mitten ins Herz, schafft Nähe und Verbundenheit und stärkt das Zusammengehörigkeitsgefühl.

Hunde suchen aktiv den Blick ihres/ihrer Sozialpartner und halten ihn auch gern. Dieser »Wir gehören-zusammen-Blick« hat auch nichts mit Fixieren, Drohen oder womöglich Eskalationsbereitschaft zu tun. Ganz im Gegenteil!

Ein »Anekdötchen« am Rande: Eine unserer Hündinnen ist sehr verfressen. Von klein auf hat sie Suchspiele kennengelernt, die immer mit einem »Pass auf!« eingeleitet wurden. Schließlich sollte sie ja aufpassen, wo der Futterbrocken hinflog, der ihr geworfen werden würde. Als wir einmal im Wald unterwegs waren, kreuzte unmittelbar vor uns ein Reh den Weg. Frauchen

Guck' mal!

erschreckt und Böses ahnend, Hund äußerst interessiert und sofort bereit, eigenmächtig die Richtung zu wechseln und die Verfolgung aufzunehmen. Intuitiv wurde gerufen: »Pass auf!« Das Mädel machte auf dem Absatz kehrt, ließ Reh Reh sein und kam mit erwartungsvollem Blick zurück. In dieser Situation hatte das »Pass auf« wesentlich bessere Dienste geleistet, als es ein »Hier« vermutlich getan hätte.

Übungsaufbau »Guck' mal«

Variante 1: Sie gehen neben dem Welpen her und sprechen ihn mit seinem Namen an. Dreht er den Kopf in Ihre Richtung, sagen Sie »Guck' mal« zu ihm und schieben ihm sofort einen kleinen Futterbrocken ins Mäulchen. Sie gehen ein paar Schritte weiter, sprechen Ihren Welpen wieder mit Namen an und wiederholen die Übung wie zuvor beschrieben. Bald schon können Sie abwarten, dass Ihr Welpe in eine andere Richtung schaut, bevor Sie Ihr »Guck' mal« sagen, worauf er den Kopf in Ihre Richtung drehen wird und den Futterbrocken nehmen kann. Ziel ist es, dass der Hund seine Aufmerksamkeit auf seinen Menschen richtet.

Variante 2: Der Welpe schaut Sie – aus welchem Grund auch immer – neugierig aufmerksam mit großen Knopfaugen an. Sie sagen ihm freundlich lächelnd »Guck' mal« und reichen ihm einen Futterbrocken. Diese tolle Übung dürfen Sie ruhig drei-, viermal hintereinander wiederholen – aber dann ist wieder Pause! Ein Tag ist ja lang und bietet zwischendurch immer wieder Gelegenheit, sinnvolle kurze (!) Übungen mit dem kleinen Racker einzubauen.

Wie bei jeder Übung, so gibt es auch hier Stolperfallen, die zu beachten sind! Bedenken Sie, der Welpe lernt immer, und er lernt auch die Dinge, die Sie ihm so eigentlich nicht beibringen wollen, aber aufgrund falscher, verspäteter, verfrühter oder missverständlicher Reaktionen vermitteln.

- Dem Welpen wird das »Guck' mal« gesagt und das Futterbröckchen sofort ins Mäulchen geschoben, obwohl der Welpe sich dem Menschen noch nicht zugewandt hat. Auf diese Weise kann er den Zusammenhang gar nicht herstellen und erlernen!
- Der Welpe wird mit »Guck' mal« angesprochen und reagiert auch prompt, doch kommt seine bestätigende Belohnung erst Lichtjahre später. Somit kann er den erhaltenen Futterbrocken nicht mehr mit dem korrekt ausgeführten »Guck' mal« in Verbindung bringen – und es bleibt für den Kleinen nur beim: »Hmm, lecker!« ohne Lerneffekt.

Es ist nicht unbedingt notwendig, dass der Welpe dem Menschen direkt in die Augen blickt, ein Blick Richtung Mensch reicht völlig aus.

Lockere Leine und Vorübung »Fuß«

Vor einiger Zeit haben wir ein Wochenend-Seminar zum Thema Welpen für einen großen Hundeverein abgehalten. Dabei wurde uns der Verlauf einer dort üblichen Welpenstunde vorgeführt, damit wir weitere Ideen zum Übungsverlauf, aber auch Kritik und sonstige Anregungen einbringen könnten.

Fassungslos schauten wir zehn Minuten zu, wie 9 Wochen alte Welpen an der Leine über die Wiese gezogen wurden, weil sie »Fuß«-Gehen lernen sollten! Auf unsere Frage, ob dies denn bei der dortigen Welpenarbeit so üblich sei, erhielten wir zur Antwort: »Aber selbstverständlich!«

Bei-Fuß-Gehen ist eine Übung, die ein hohes Maß an Konzentration (von beiden Enden der Leine!) verlangt. Außerdem bedarf es dazu der individuellen Personenbindung, die der junge Welpe, wie wir bereits ausgeführt haben (siehe Seite 13), noch gar nicht hat! Deshalb stellt diese Anforderung für den Welpen bis circa zum vierten Lebensmonat sehr schnell eine Überforderung dar! Nichtsdestotrotz ist es aber nötig, dem Welpen von klein auf zu vermitteln, dass an der Leine nicht gezogen und gezerrt wird.
Was also tun, um zur lockeren Leine zu gelangen?

Auch hier sind es wieder die kleinen Schritte, die Geduld und die Konsequenz, die zum Erfolg führen! Die lockere Leine ist im Alltag sehr wichtig und deutlich praxisbezogener als das hundesportgemäße »Bei-Fuß-Gehen«. Wer aber bestimmte Prüfungen mit seinem Welpen für die Zukunft anstrebt, der muss sich auch mit dieser Anweisung auseinandersetzen. Und die Basis für ein späteres korrektes »Bei-Fuß«-Gehen wird durchaus im Welpenalter gelegt. Aber es wird auch immer wieder im Verlauf des Hundelebens geübt werden müssen, denn das Ziehen an der Leine stellt eine selbstbelohnende Handlung des Hundes dar: Ich ziehe und komme voran!
Nur wenn Sie diese Lernerfahrung verhindern oder unterbrechen, werden Sie zu einem leinenführigen Hund kommen, der Ihnen aufmerksam und gelassen an der Seite durch den Alltag folgt.

Ein »echtes« Fuß-Gehen ist mit Welpen noch kein Thema, aber den Menschen an lockerer Leine, freudig und vertrauensvoll zu begleiten, das sollte von Anfang an geübt und etabliert werden!

Der Welpe ist angeleint bei seinem Menschen. Dem Vierbeiner wird ein leckerer Futterbrocken gezeigt, welchen eine Hilfsperson in der Hand hält. Hat der Welpe das Leckerchen registriert, entfernt der Helfer sich rückwärts vom Hund weg. Mensch und Welpe gehen nun Richtung Helfer, aber nur, wenn die Leine locker ist, ansonsten wird sofort angehalten. Nimmt der Kleine sich zurück, lockert die Leine oder setzt sich sogar hin, geht es weiter.
Der Welpe macht die Erfahrung: Wenn ich ziehe, komme ich nicht zum Futter hin.

Zur Steigerung kann eine Schüssel mit duftendem Nassfutter abgestellt werden. Hierbei ist die Motivation des Hundes zur Schüssel zu streben in der Regel noch höher, deshalb sollte der Übungsablauf mit einer weniger erstrebenswerten Verlockung bereits gut klappen, sonst ist die Anforderung zu hoch.

Hat der Hund bereits verstanden, dass er sich mit Geduld und Beherrschung das Gewünschte erarbeiten kann, fällt es etwas leichter.

Ziehend kommt man nicht ans Ziel. Und zwar NIE!

Übungsaufbau »Lockere-Leine« und »Fuß« (linksgeführter Hund)

Erster Punkt des Übungsaufbaus ist Ihre Entscheidung, ob der Hund später als »Fuß«-Seite links oder rechts neben Ihnen gehen soll. Wie Sie dies definieren, ist Ihnen überlassen, aber die einmal gefällte Entscheidung sollte dann Bestand haben und so auch von anderen Personen, die den Hund führen, gleichermaßen umgesetzt werden.
Wird der Hund links geführt, so halten Sie die Leine in der rechten Hand und haben die linke, also die dem Hund zugewandte Hand frei, um Futter zu reichen oder auch einmal zu streicheln. Wird der Hund rechts geführt, so ist die Leine links, damit die rechte Hand entsprechend frei ist. Halten Sie das Futter in der dem Hund abgewandten Hand, also z. B. beim linksgeführten Hund in der rechten Hand, so ist die Gefahr sehr groß, dass Sie sich den Welpen selber vor die Füße locken. Der Hund wird dann nicht neben Ihnen gehen, sondern versuchen, sich auf die rechte Seite zu drängen, wodurch Sie leicht stolpern oder den Hund treten könnten. Oder er geht von vornherein hinter Ihrem Rücken auf die rechte Seite und bringt sich dadurch bei, dass »Fuß« eben rechts und nicht links neben dem Menschen ist!

Für das »Lockere-Leine-Gehen« und die Übungseinheiten »Fuß« sollte Ihr Welpe weder völlig »ausgepowert« und müde sein, noch gerade gefressen haben! Außerdem sollten zu Beginn dieser Übungen keine Ablenkungen den jungen Hundeschüler unnötig beeinflussen und die Übungsschritte klein gehalten sein.

Bei kleinwüchsigen Hundekindern kann der Einsatz von Futtertube, Schlecki oder Targetstab sinnvoll (weil rückenschonend!) sein.

Variante 1: Der Welpe wird angeleint und Sie zeigen ihm, dass Sie einen ganz tollen Leckerbissen für ihn in der linken Hand haben. Wenn er ausreichend am Futter interessiert ist und hochmotiviert, dieses Bröckchen zu bekommen, gehen Sie los. Sie halten Ihre Hand locker neben Ihrem linken Bein vor den Hund, so dass er Ihnen neben ihrem Bein folgt. Halten Sie den Kontakt zum Knirps und widmen Sie sich ihm freundlich und fröhlich, so dass er motiviert ist, Sie weiter zu begleiten. Geht er dabei zwischendurch dicht an Ihrem Bein, so sagen Sie ruhig, freundlich und deutlich »Fuß«. Nach wenigen Schritten, zu Beginn bereits nach dem dritten oder vierten

Aus den ersten Übungsansätzen zum lockeren Folgen lassen sich sogar erste Schritte der sogenannten Freifolge (Mensch und Hund sind nicht durch die Leine verbunden) entwickeln.

Schritt, erhält Ihr Hundekind das Futter und Sie loben begeistert für die tolle Mitarbeit. Nun können Sie den Hund ableinen, um ihn durch ein kurzes Spiel oder eine Freilaufsequenz wieder aufzulockern.

Variante 2: Kennt Ihr Hund bereits die Anweisung »Guck' mal«, so können Sie das nun gut kombinieren. Mittels »Guck' mal« machen Sie den Hund aufmerksam auf den Futterbrocken in Ihrer linken Hand. Dabei sollten Sie den Hund nicht nur über das Futter führen, sondern ihm das Futter zeigen, die Hand dann aber kurz nach oben Richtung Kopfhöhe führen und erst dann nach unten zum Hund geben. So wird der Fokus wieder zum Menschen geführt und nicht nur am Futter gehalten. Folgt der Hund wieder nah am Bein: Freundliches, fröhliches »Fuuuuß«! Oder Sie führen ihn unter »Fuß« einige Schritte an Ihrer linken Seite. Nach drei, vier Schritten erhält er den Futterbrocken und die Übung wird aufgelöst z. B. durch Ableinen und Freispiel.
Wenn dies bereits gut klappt, so können Sie auch eine zweite Übungseinheit gleich anschließen, also wieder mit »Guck' mal« den Hund auf das Futter aufmerksam machen und mit »Fuß« drei, vier Schritte an der linken Seite führen. Aber mit der Steigerung – wie immer – langsam und mit Bedacht beginnen, Ehrgeiz bremsen und nicht den Welpen überfordern!

Variante 3: Statt mit einer in der Hand gehaltenen Leine, kann auch mit einer Schleppleine geübt werden. Der Übungsaufbau ist der gleiche wie oben beschrieben.

Wie bei jeder Übung, so gibt es auch hier Stolperfallen, die zu beachten sind! Bedenken Sie, der Welpe lernt immer, und er lernt auch die Dinge, die Sie ihm so eigentlich nicht beibringen wollen, aber aufgrund falscher, verspäteter, verfrühter oder missverständlicher Reaktionen vermitteln.

- Der Welpe darf auf keinen Fall überfordert werden und nach der Übung muss etwas für den Welpen Tolles und Entspannendes (Spiel, Freilauf o.ä.) erfolgen!

- Bleibt der Welpe deutlich hinter Ihnen, so ist er nicht an der Leine herbeizuziehen, sondern über Stimme, Futter, Gesten zu motivieren, zu Ihnen zu kommen. Vielleicht hat er gerade einen schlechten Tag, fühlt sich durch Zahnung, eventuell erfolgter Impfung, Entwurmung oder ähnlichem unwohl und ist einfach nicht gut drauf. An solchen Tagen verzichten Sie auf anspruchsvollere, Konzentration verlangende Übungsschritte!

- Nach drei, vier Schritten zieht der Welpe doch in die Leine? Wählen Sie die Übungsschritte kleiner und begnügen Sie sich mit zwei, drei Schritten, bis das gut klappt. Zieht der Welpe, so bleiben Sie stehen und warten ruhig ab, bis der Welpe von allein die Leine lockert und zu Ihnen kommt. Erst dann beginnen Sie wieder mit dem Übungsaufbau! Bei etwas älteren Welpen können Sie auch kommentarlos Rückwärtsgehen, um dem Hund zu vermitteln, dass er weder Tempo, noch Richtung angibt. Aber bitte: Rückwärtsgehen und Richtungswechsel haben nichts mit Leinenruck zu tun! Sie gehen einfach nur in entgegengesetzter Richtung – mit oder ohne Blickkontakt zu halten, je nach Alter des Hundes und Situation – von dem (älteren!) Welpen weg. Eine Entscheidung vom Welpen pro Mensch wird immer anerkannt und honoriert!

- Achtung: Halten Sie das Leckerchen zu hoch, so wird der Welpe danach springen und hopsen. Das mag eine lustige Übung für die Känguru-Olympiade sein, aber kein guter Übungsaufbau für das »Lockere-Leine«, geschweige denn »Bei-Fuß«-Gehen.

> Das Aufhebungssignal zum Abschluss der Übung nicht vergessen!

Kurze Übungseinheiten und danach etwas Tolles!

Welpengruppe – Ja/Nein?

In der Welpengruppe sollte nicht nur innerartliches Spiel angeboten werden, so wichtig dies zur Verfestigung der innerartlichen Kommunikation auch ist. Sinnvoll strukturierte Spielsequenzen zwischen Mensch und Hund sind gleichermaßen von Nutzen. Hier kommen zusätzliche Ablenkungsreize hinzu, die es für Hund und Mensch zu bewältigen gilt.

In gut geführten Welpengruppen werden die Hundekinder auch behutsam und spielerisch mit verschiedensten Reizen konfrontiert, die im weitesten Sinne auf Umweltreize übertragbar sind. Flatternde Bänder oder sich drehende Windräder können Welpen anfangs durchaus verunsichern. Besteht aber die Möglichkeit, sich diesen »Windgeistern« vorsichtig und erforschend zu nähern oder im ausgelassenen Rennspiel mit Artgenossen unbewusst zu passieren, so wird die Lernerfahrung »ungefährlich und unbedenklich« gemacht werden können. Ebenso verhält es sich mit verschiedenen Bodenuntergründen, z. B. ausgelegten Gittern, leicht wippenden Holzbohlen, rotierenden Bällen im »Bällchenbad«, taktilen Gehplatten in verschiedenen Ausführungen usw.

Welpen müssen verschiedenste Reize in für sie zu bewältigender Form erleben. Hier bilden z. B. Windräder auf der Hundeschulwiese optische Reize.

Jung gelernt bilden unterschiedliche Bodenbeschaffenheiten auch im vorangeschrittenen Alter keine Hürden mehr.

Konfrontation mit akustischen Reizen lässt sich leicht in spielerische oder kuschelige Sequenzen integrieren.

Alle Mensch-Welpe-Teams haben es sich mit Abstand zueinander bequem gemacht und beschäftigen sich mit einem Spielzeug, Schmusen, Streicheln, einem Schnüffelrasen oder Ähnlichem stationär und individuell. Bei Ablenkung durch den Nachbarn bitte Abstand vergrößern. Ein oder mehrere Menschen umrunden die Gruppe im Abstand (!) mit optischen (Fähnchen, Windrädern, wehenden Tüten o. Ä.) und/oder akustischen (Handtrommeln, Triangeln, Handzimbeln, Flöten o. Ä.) Reizen.

Steigerung 1:
Der Abstand zu den Teams wird verringert.
Steigerung 2:
Die »Musikanten« und die Personen mit den optischen Reizen laufen auch durch die Gruppe.

Wie »gut geführt« von »schlecht bis gefährlich gehandhabt« in Bezug auf Welpengruppenstunden von Hundehaltern unterschieden werden kann, ist nicht so leicht mit wenigen Worten zu beschreiben. Grundsätzlich sollten in einer Welpengruppe wirklich nur Welpen miteinander Kontakt haben. Ausnahme wäre die Anwesenheit eines gut sozialisierten, welpengewohnten und welpenfreundlichen Althundes. Nichts zu suchen haben in Welpengruppen Junghunde, also Hunde über sechs Monaten!

Auch sollte die Anzahl der teilnehmenden Hunde für einen Trainer überschaubar und händelbar sein. Zehn umeinanderwuselnde – und womöglich auch eher weniger freundlich und lustig gestimmt übereinander herfallende – Hundekinder übersteigen selbst die Möglichkeiten eines noch so fähigen Trainers. Wer nun aber meint, das Problem könnte dann durch Hinzuziehung eines weiteren Trainers oder einer weiteren »Aufsichtsperson« gelöst werden, der irrt sich. Nicht nur der Mensch, der das Geschehen – hoffentlich kompetent – anleitet ist mit einer gewissen Anzahl Teilnehmer überfordert, die Welpen selber sind es auch! Und so nutzt ein zweiter, dritter, vierter Mensch bei anhaltender Häufung an Hundekindern am gleichen Ort und zur gleichen Zeit dem einzelnen Welpen eben gar nichts, eher im Gegenteil! Die Gruppenstärke sollte auf fünf, sechs Welpen begrenzt sein.

Eine Welpengruppenstunde ist auch kein Kaffeeklatsch mit integriertem Hundefreilauf, sondern eine definierte Zeitspanne mit

- durch den Trainer kontrolliertem Kontakt zu Artgenossen
- durch den Trainer vermitteltem Basiswissen
- durch den Trainer initiierten und gezielt durchgeführten Übungsabläufen
- diversen Lerneinheiten
- Erläuterungen zum Warum und Wie.

Welpenfreundliche, souveräne Althunde können unbezahlbare Dienste bei der Erziehung und Betreuung leisten.

Im Eifer des Gefechts geht es auch manchmal ganz schön hoch her! Deshalb muss ein wachsames Auge auf das Geschehen gehalten werden, um zu erkennen, ob es noch Spiel oder schon Schikane ist!

Dabei muss der Trainer sich hüten, aus Übervorsichtigkeit, Unsicherheit oder Ängstlichkeit zu früh in die Interaktionen der Welpen einzugreifen und alles maßregeln und unterbinden zu wollen, gleichzeitig sei aber auch dringend vor Trainern mit einer »Laissez-faire«-Haltung gewarnt, die die Welpen »alles unter sich ausmachen« lassen und nicht erkennen, wo Welpen womöglich permanent getriezt und gemobbt werden. Haben Sie bei einem Tohuwabohu zwischen Ihrem und anderen Welpen nicht mehr den sicheren Eindruck, dass es noch für alle Beteiligten gleichermaßen spaßbetont ist, bieten Sie sich immer als sicheren Rückzugsort an, zum Beispiel indem Sie in die Hocke gehen und Ihrem Welpen Schutz anbieten, wenn er kommt. Will er dann aber selber wieder in das Treiben zurück, so gibt es keinen Grund zum Argwohn. Drückt er sich aber an Sie, macht sich womöglich klein, winselt, klemmt die Rute und zieht die Ohren zurück, dann ist es ihm zu viel und

Passen die Größen- und Kräfteverhältnisse nicht zueinander, so entsteht statt Spiel nur Abwehrverhalten, was sich bis zu dauerhaft abwehrendem Aggressionsverhalten bestimmten Artgenossen gegenüber festsetzen kann.

Sie sollten ihn unbedingt und sofort aus dem Geschehen herausnehmen und herannahende andere Hunde wegschicken oder auf Distanz halten!

Wie so oft ist es der »goldene Mittelweg« und der kompetent agierende Trainer, der Ihnen den Besuch der Welpengruppe lohnenswert macht.

Es kann notwendig sein, Kleinhunde (Chihuahua, Malteser, Zwergpudel, Zwergspitze, Yorkies u.ä.) in separaten Welpengruppen zusammenzufassen und von großwüchsigen Welpen zu trennen. Die unterschiedlichen Massenverhältnisse lassen sonst keine normalen Interaktionen zwischen den Hunden zu, vielmehr reduzieren sich die Aktionen der Kleinhundewelpen auf reines Abwehrverhalten.

Ein wirkliches Spiel ist zwischen kleinwüchsigen und großwüchsigen Welpen meist nicht möglich. Doch gibt es auch hier die Ausnahmen, die die Regel bestätigen. Gerade Welpen der diversen Klein-Terrier-Rassen kommen in der Regel auch in gemischten Gruppen sehr gut zurecht und kompensieren ihre fehlende Masse mit Schnelligkeit, Wendigkeit, raubeinigem Draufgängertum und wüstem Rempeln. Dies eher derbe Spielverhalten würde anderen, sensiblen Kleinhunden leicht negative Erfahrungen bescheren, in der Runde von großen, kräftigen Welpen sind diese »Mini-Rambos« aber bestens aufgehoben! Haben sich die Großwüchsigen aber bereits ordentlich müde getobt, so ist der Kontakt zwischen Groß und Klein unter Umständen problemloser möglich. Letztlich muss es mit einem wachsamen und geschulten Auge, mit Sachverstand und Fingerspitzengefühl ausprobiert werden.

Besuchen Sie ruhig frühzeitig noch vor Übernahme Ihres Hundekindes verschiedene Anbieter und machen Sie sich ein persönliches Bild vom Ablauf der jeweiligen Welpengruppe. Da, wo Sie sich gut aufgehoben fühlen, wo Ihre Fragen beantwortet werden, wo Sie nützliche Tipps bekommen und der Trainer Ihnen gegenüber fachliche Kompetenz nicht nur behauptet, sondern auch nachweisen kann, dort können Sie dann mit Ihrem Hundekind beginnen. Und fühlt sich dieses dort auch wohl, dann scheint alles richtig gemacht worden zu sein!

Bedenken Sie, Hundetrainer ist kein geschützter Beruf, es existiert keine geregelte Ausbildung und es gibt keinen anerkannten Abschluss. Allerdings besteht seit Novellierung des Tierschutzgesetztes die Verpflichtung, dass ab dem 1. August 2014 Personen, die gewerblich Hunde ausbilden oder gewerblich die Ausbildung der Hunde durch den Tierhalter anleiten, zwingend eine behördliche Erlaubnis nach § 11 Abs. 1 Nr. 8f TSchG benötigen! Hundevereine benötigen diese Erlaubnis, die zumindest eine gewisse Kompetenzüberprüfung darstellt, unverständlicherweise und leider nicht.

Kleines Leinen-ABC – Welche Leine wofür

Führleine (notwendig im Alltagsleben)	Weiche, angenehme Leine, die nicht zu lang sein sollte (maximal 1,5 m) aus • Textil • Synthetik (z. B. Biothane, Coated Webbing) • Leder	Zum Erlernen der Leinenführigkeit, der lockeren Leine und »Bei-Fuß« zu gehen. Zum Führen des Hundes in Ortschaften und/oder in der Stadt.
Arbeitsleine (ab Junghundalter unter fachkundiger Anleitung eines Hundetrainers)	Weiche, angenehme Leine, die eine dem Hund angepasste Dicke hat (8 - 15 mm Ø) und circa 5 m lang ist aus • Textil • Synthetik (z. B. Biothane, Coated Webbing) • Leder	Zum Training mit dem Hund: Heranrufen, lockere Leine, Richtungswechsel, »Guck' mal«, Radius vermitteln u.ä. Nur in Verbindung mit einem korrekt sitzenden Brustgeschirr!
Schleppleine (ab Junghundalter unter fachkundiger Anleitung eines Hundetrainers)	Eine dünne (3 - 8 mm Ø, je nach Größe des Hundes) Leine ohne Handschlaufe aus • Textil • Synthetik (z. B. Biothane, Coated Webbing) • Leder	Der Hund zieht die Leine hinter sich her, der Halter nimmt sie nicht (!) in die Hand. Zum Training mit dem Hund: Heranrufen, Freilauf, Richtungswechsel, »Guck' mal«, Radius vermitteln, Erreichbarkeit/Stoppen des Hundes auch aus bestimmter Distanz (> Leinenlänge) möglich. Nur in Verbindung mit einem korrekt sitzenden Brustgeschirr!
Moxonleine (für Welpen gänzlich ungeeignet!)	Leine und Halsband in einem; die Halsschlaufe zieht sich zu und würgt, wenn der Hund nach vorne geht und zieht.	Praktisch für gut erzogene, leinenführige, erwachsene Hunde, wenn ein schnelles Anleinen nötig ist. Ansonsten nicht zu empfehlen und nicht sinnvoll.
Rollleine/ Flexileine (für Welpen gänzlich ungeeignet!)	Ein Kasten, aus welchem sich eine 3, 5, 8 m oder noch längere Leine ausrollt, wenn der Hund daran zieht.	Weder sinnvoll, noch empfehlenswert, da der Hund hier leicht das Ziehen an der Leine lernt: Je mehr Zug ich auf die Leine bringe, desto mehr Bewegungsfreiraum bekomme ich! Möglicher Einsatz bei gut leinenführigen Hunden, die krankheitsbedingt oder situativ (läufige Hündinnen) an der Leine geführt werden müssen und somit mehr Bewegungsradius haben.
Kurzführer (für Welpen gänzlich ungeeignet!)	Eine kurze, nur maximal 20 - 30 cm lange Leinenschlaufe aus • Textil • Synthetik (z. B. Biothane, Coated Webbing) • Leder	Für bereits gut erzogene Hunde als Zugriffsmöglichkeit, z. B. beim Hundesport o. Ä.

DANKSAGUNG

Nicht nur »des guten Tons« wegen, sondern aus ganzem Herzen möchten wir uns bei den vielen Mitdenkern und Helfershelfern bedanken, ohne die unser Buch, so wie es dem Leser nun vorliegt, nicht hätte entstehen können! Viele Ideen wurden geliefert, manch ein Tippfehler entdeckt, etliche Szenen wieder und wieder gestellt, um das passende Foto »schießen« zu können.

Vielen Dank sagen wir u. a. Gabi, Ines, Manuela, Maren, Melanie, Michaela, Sophia, Yvonne, Hartmut und Regi für das Gegenlesen des Buchmanuskripts und für die Beschaffung des Bildmaterials.

Und natürlich ein herzlicher Dank den Teilnehmern der Welpengruppen von den Hundeschulen »Eifel« und »Tatzen-Treff« für die Geduld bei den Fotosessions.

Unseren eigenen Hunden Gaia, Inuit, Jazz, Lolle, Asha, Momo, Nelly und Odessa danken wir, dass sie es mit Gelassenheit hingenommen haben, wenn aufgrund der Schreibarbeiten, der Recherchen und der Überarbeitungen ein Spaziergang kürzer ausfallen musste und die Futterschüsseln erst später als gewohnt gefüllt wurden!

AUTORENPORTRÄTS

Petra Krivy

wird seit Kindheitsbeinen an von Hunden begleitet, vom Dackel bis zu diversen Mischlingen. Anfang 1980 lernte sie die slowakische Hirtenhundrasse Slovenský Čuvač kennen und lieben – bis heute! Seit 1989 züchtet sie diese unter dem VDH/FCI-geschützten Namen »vom Wolfshorn«. 1999 gründete sie ihre gewerblich geführte Hundeschule »Tatzen-Treff« im Kreis Olpe, wo sie auch als externe Sachverständige gemäß LHundG NRW für öffentliche Stellen wirkt. Sie schreibt Fachartikel, ist Buchautorin, gefragte Referentin im In- und Ausland und Spezialzuchtrichterin im VDH. In ihrem Berufsalltag widmet sie sich schwerpunktmäßig der Mensch-Hund-Beziehung und der Team-Analyse. Sie leistet Hilfestellung beim Umgang mit »verhaltensoriginellen« Hunden und gilt seit Jahrzehnten als Ansprechpartnerin und Expertin rund um den Herdenschutzhund als Familienbegleiter. www.tatzen-treff.de

Angelika Lanzerath

lebte schon als Kind mit Hunden zusammen. Seit 1978 schlägt ihr Herz für die ungarische Hirtenhundrasse Kuvasz. Seither wird sie immer von mehreren Kuvasz-Hündinnen begleitet. Sie ist anerkannte Sachverständige nach LHundG NRW zur Abnahme von Sachkunde- und Verhaltensprüfungen und sieht sich als Dolmetscherin zwischen Mensch und Hund. Unzähligen Mensch-Hund-Teams, vor allem mit verhaltensauffälligen Vierbeinern, konnte sie schon Hilfestellung geben. Angelika Lanzerath gilt außerdem als Expertin für Herdenschutzhunde. Sie ist Buchautorin und hält bundesweit Seminare und Vorträge zu Themen rund um den Hund. www.hundeschule-angelika-lanzerath.de

Quellen und Tipps
zum Weiterlesen

- Günther Bloch: Der Wolf im Hundepelz, Kosmos Verlag, Stuttgart, 2004
- Sandra Fischer: Abbruchsignale der Hunde, Diplomarbeit Universität Würzburg, 2007
- Dr. Dorit Urd Feddersen-Petersen: Ausdrucksverhalten beim Hund, Kosmos Verlag, Stuttgart, 2008
- Dr. Udo Gansloßer, Petra Krivy: Verhaltensbiologie Hund – Praxisbuch: Wie Rasse, Geschlecht, Aussehen und Alter das Verhalten beeinflussen, Kosmos Verlag, Stuttgart, 2019
- Dr. Udo Gansloßer, Petra Krivy: Ein guter Start ins Hundeleben – Der verhaltensbiologische Ratgeber für Züchter und Welpenbesitzer, Müller-Rüschlikon Verlag, Stuttgart, 2020
- Petra Krivy: Herdenschutzhunde – Geschichte, Rassen, Haltung, Erziehung, Kosmos Verlag, Stuttgart, 2019
- Petra Krivy: Lernen mal anders, Müller Rüschlikon Verlag, Stuttgart, 2020
- Petra Krivy: 1 Hund & 1000 Fragen, Müller Rüschlikon Verlag, Stuttgart, 2022
- Petra Krivy, Dr. Udo Gansloßer: Mein Hund hat Stress, Müller Rüschlikon Verlag, Stuttgart, 2021
- Petra Krivy, Angelika Lanzerath: Mein Hund im Flegelalter, Müller Rüschlikon Verlag, Stuttgart, 2018
- Petra Krivy, Angelika Lanzerath: Hunde verstehen, Müller Rüschlikon Verlag, Stuttgart, 2018
- Manuela van Schewick: Kind trifft Hund, Müller Rüschlikon Verlag, Stuttgart, 2014
- Erik Zimen: Der Hund, Bertelsmann-Verlag, München, 1988

Weitere interessante Bücher von Petra Krivy

Petra Krivy
Ein Hund und 1000 Fragen
Basics für frischgebackene Hundehalter
160 Seiten / 100 Bilder
€ 19,95 / € (A) 20,60
ISBN 978-3-275-02244-1

Ist der vierbeinige Familienzuwachs erst einmal eingezogen, stapeln sich die Fragezeichen. Warum macht er dieses, warum lässt er jenes und wieso passiert jetzt das? Unser Hund soll uns immer verstehen – aber verstehen wir unseren Hund? Dieser Ratgeber richtet sich ausdrücklich an (noch!) unerfahrene Hundehalter, beleuchtet häufig vorkommende Situationen der ersten Tage und Wochen und widmet sich populären Fragen rund um den Mensch-Hund-Alltag. Er soll helfen, Verständnis zu wecken und den gemeinsamen Weg zum Dreamteam zu ebnen. Dabei wird das benötigte Hintergrundwissen komprimiert vermittelt. Kurz, knapp, humorvoll und präzise, das ist hier die vorrangige Devise!

Petra Krivy
Lernen – mal anders
Neue und kreative Ideen für das Hundetraining
96 Seiten / 80 Bilder
€ 11,95 / € (A) 12,40
ISBN 978-3-275-02140-6

Hundeschule ist mehr als »Sitz«, »Platz«, »Fuß«! Das Vermitteln von Methoden ist eine Sache, das Erläutern von Lernmechanismen, das Verständnis für Verhaltensabläufe eine andere.
Hundehaltern ist häufig nicht klar, wie ihre Körpersprache den Vierbeiner beeinflusst. Dieses Buch zeigt einfache Übungsaufbauten, die dem Menschen hundliches Verhalten und Reagieren verständlicher machen. Rollen- und Lernspiele, wie auch einfache Trainingseinheiten für Hundeschule, -gruppen, -treffs oder -vereine demonstrieren, wie Üben und Lernen – für Mensch und Hund! – hundeverständlicher, dabei mit Spaß und Abwechslung geleistet werden können.

Udo Gansloßer/
Petra Krivy
Ein guter Start ins Hundeleben
Der verhaltensbiologsche Ratgeber für Züchter und Welpenbesitzer
224 Seiten / 165 Bilder
€ 24,90 / € (A) 25,60
ISBN 978-3-275-01995-3

Einen guten Start sollen sie haben, die vierbeinigen Fellnasen. Doch wie können Züchter und Welpenbesitzer darauf hinwirken? Wie formen und fördern, statt zu behindern oder, wenn auch in guter Absicht, zu übertreiben? Wo beginnt ein guter Start, welche Einflüsse wirken wann, wie und mit welcher Nachhaltigkeit? Dieser Ratgeber betrachtet die Zucht von Hunden sowie die Welpen- und Junghundeentwicklung aus verhaltensbiologischem wie züchterpraktischem Blickwinkel und berücksichtigt dabei die neuesten Erkenntnisse aus Forschung und Wissenschaft.

Folgen Sie uns für mehr Infos zu unseren Hundebüchern auf:

www.instagramm.com/muellerrueschlikon.hund

www.facebook.com/muellerrueschlikonverlag

Im Internet unter www.mueller-rueschlikon.de